U0187744

时尚文化的启蒙时代：19世纪法国时尚图典

格诺蕾·米勒埃（Guénolée Milleret） 著
陆璇　周绍恩　译

中国纺织出版社有限公司

内 容 提 要

在法国，时尚渗透到各个领域，反之，政治、经济、文化艺术和社会生活的各个层面也会对时尚产生影响。19世纪作为法国大革命后法国政体变更最频繁的一百年，其时尚风格也随之从新古典主义、浪漫主义逐渐资产阶级化，女性在经过克里诺林裙撑、布夫腰臀垫和紧身胸衣的矫饰后坚定地向着自由解放身体方向前进。

本书作者既是法国时尚史专家，又是时尚史影像收藏家，书中的大量时尚插画悉数来自于其收藏的19世纪时尚刊物，这些珍贵的精美画作与作者对具有代表性的服装和服饰进行的详细描述相辅相成，对于时尚从业者和爱好者来说无疑是一部汇聚19世纪法国服装和服饰的时尚图典。

原文书名：La mode du XIXème siècle en images

原作者名：Guénolée Milleret

著作权合同登记号：图字：01-2021-0200

图书在版编目（CIP）数据

时尚文化的启蒙时代：19 世纪法国时尚图典 /（法）格诺蕾·米勒埃著；陆璇，周绍恩译 . -- 北京：中国纺织出版社有限公司，2021.12

ISBN 978-7-5180-8784-6

Ⅰ. ①时… Ⅱ. ①格… ②陆… ③周… Ⅲ. ①服饰文化 - 法国 -19 世纪 - 图集 Ⅳ. ① TS941.745.65-64

中国版本图书馆 CIP 数据核字（2021）第 160828 号

责任编辑：谢冰雁　亢莹莹　　责任校对：王蕙莹　　责任印制：王艳丽

中国纺织出版社出版发行

地址：北京市朝阳区百子湾东里 A407 号楼　邮政编码：100124

销售电话：010—67004422　传真：010—87155801

http：//www.c-textilep.com

中国纺织出版社天猫旗舰店

官方微博 http：//weibo.com / 2119887771

北京华联印刷有限公司印刷　各地新华书店经销

2021 年 12 月第 1 版第 1 次印刷

开本：787 × 1092　1/16　印张：31.5

字数：358 千字　定价：298.00 元

序

Mode[1]一词有多重含义，既可定义为一种持久的方式，如“思维方式”，也可定义为一种暂时的方式，如“着装方式”[2]，某一社会和时代的着装方式与风格已经成为符合其品味与欲望的社会性标准。

15世纪末，在艺术之乡意大利的佛罗伦萨和威尼斯、法兰西土地上的勃艮第公国和贝利公国，形态各异且千变万化的“着装方式”成为一种时尚现象突然出现，自此，在意大利、法国、西班牙、英国的中世纪城邦里，品味取代传统，成为着装方式和风格变幻的指挥棒，经过历史积淀的各类手工技艺也随之萌新，商业潜能蓄力其中，顺势而发。

如果说时尚从中世纪后期以来就在西方国家展现了其在经济和社会发展上的强劲推动力，那今天我们应当在其历史视野中修正西方国家仍占主导地位的认知图谱。一些传承至今的机制，诸如因对“他者”和“异邦”产生的新奇感而开展的探究及其成果，为我们提供了不同文化间开展公平对话的可能性。贯通东西方的伟大商贸之路[3]也对沿途国家和地区的服装形制和材料产生了深远的影响，配有不对称的“亚洲式”前襟开口的印度罩衫和巴尔干半岛的贾马丹背心就是一个很好的例子。蒙古大草原离西方确实遥远，可那又如何？这些服装款型的演变是对其民族自身品质的赞赏和学习，而不带有任何占为己有的私欲。那么当今的状况也应是如此，我们当秉承美观、实用和做工精湛这三大客观普世价值，自发地在不同文化间架设历史与现代的桥梁，在互敬的前提下，互通互学互鉴。

本书就是这千万座桥梁中的一座，不同文化背景的读者们将在这座桥上邂逅一幅幅精挑细选的法国时尚版画，这些版画所呈现的服装并非规范款式，也绝不是衡量品味的标准，而是在千变万化的时尚风格和代代相传的服饰传统中熠熠生辉的创意。

作为一名图像志研究学者，我主张构建严密、精准且资源海量的图像信息库，具备这些品质的信息库必然会促进文化的互通。尤其是在服装也参与其中的文化历史视野下，文字更是作为不可或缺的信息传递载体，引导和指引我们将图像志研究做得更具有实用价值。

得知《时尚文化的启蒙时代：19世纪法国时尚图典》能够成为地球另一端的学生、时尚从业者和时尚爱好者拓展想象力的源泉，我在深感荣幸的同时，衷心希望读者们能够从中感受到图像叙事的力量。这种力量鲜活了过往，也照亮了未来。

在编写这本呈现19世纪法国时尚样貌的图像集过程中，融入了本人作为收藏家的热情和历史学家的严谨，惟愿图像（Image）激发想象（Imagination），愿其细微之处能够成为引人深思、激发创造力进而促进创新的引玉之砖。

格诺蕾·米勒埃

2021年9月

---

[1] 在法语中，mode作为名词时同时具有阴性和阳性（两种形式），作为阴性名词时，意为时尚、习俗、服装款式和风格等，作为阳性名词时，意为方式、形式等。——译者注

[2] 法国诗人、剧作家纪晓姆·柯奇雅（G.Coquillart）1480年在他的剧作《新权利》（*Droitz nouveaulx*）中首次以“着装方式”之意使用mode一词。——作者注

[3] 商贸之路即丝绸之路。——译者注

目录

Nº 38 (Avec Patrons). TRENTE-HUITIÈME ANNÉE Dimanche 19 septembre 1897.

PRIX DE LA MODE ILLUSTRÉE :
PARIS, SEINE ET SEINE-ET-OISE
Un an, 12 fr. — Six mois, 6 fr. — Trois mois, 3 fr.
DÉPARTEMENTS (*frais de poste compris*).
Un an, 14 fr. — Six mois, 7 fr. — Trois mois, 3 fr. 50 c.
UNION POSTALE
Un an, 17 fr. — Six mois, 8 fr. 50. — Trois mois, 4 fr. 25 c.

RÉDACTION ET ADMINISTRATION, RUE JACOB, 56.
S'adresser pour la rédaction à
Mme EMMELINE RAYMOND,
Et pour les abonnements et réclamations à
M. L. HÉBERT.
Toutes les lettres doivent être affranchies.

PRIX DE LA MODE AVEC GRAVURES COLORIÉES :
PARIS, SEINE ET SEINE-ET-OISE
Un an, 24 fr. — Six mois, 13 fr. — Trois mois, 6 fr. 75 c.
DÉPARTEMENTS (*frais de poste compris*).
Un an, 25 fr. — Six mois, 13 fr. 50 c. — Trois mois, 7 fr.
UNION POSTALE
Un an, 30 fr. — Six mois, 15 fr. — Trois mois, 7 fr. 50 c.

Toute demande non accompagnée d'un bon sur la poste ou d'un mandat à vue sur Paris, à l'ordre de M. L. Hébert, sera considérée comme non avenue.
On s'abonne également chez tous les Libraires de France et de l'Étranger.

AVIS On trouvera dans le prochain numéro le dessin du collet en drap orné de bordures de plumes, dont le patron (fig. 79 à 86) se trouve sur le *verso* de la planche jointe au présent numéro.

Sommaire : DESCRIPTION DE LA GRAVURE COLORIÉE : Collet en drap orné de galons et de soutache; — Toilette de maison. — MODES. — DESCRIPTION DE LA PLANCHE COLORIÉE. — LE DEUIL. — Chapeau en velours et taffetas pour fillette de 10 à 11 ans. — Capeline pour petite fille de 5 à 6 ans. — Toilette d'automne pour visites et promenades. — Paletot en tissu écossais. — Grand collet pour dame âgée. — Manteau pour petite fille de 6 à 7 ans. — Corset pour jeune fille. — Petite table avec tapis brodé. — Paletot et toque pour petit garçon de 6 à 7 ans. — Corsage anglais. — Costume pour petit garçon de 3 à 4 ans. — Blouson avec pèlerine formant les manches. — Paletot pour petite fille de 6 à 7 ans. — Robe brodée. — Blouson pour jeune fille. — Redingote pour jeune femme. — Jaquette en matelassé. — Robe pour petite fille de 10 à 11 ans. — Collet en tissu à double face. — Jaquette ornée de galons. — Jaquette en fourrure. — Blouse pour jeune fille. — Garniture de fenêtre avec store. — Tissus d'automne et d'hiver. — VARIÉTÉS SCIENTIFIQUES : Les Polatouches. — HORTICULTURE PRATIQUE : Le Gardenia. — L'ÉDUCATION PAR L'AMUSEMENT (*suite*). — PENSÉES. — RÉSURRECTION DES FLEURS ARTIFICIELLES FANÉES. — MENU. — RENSEIGNEMENTS. — CORRESPONDANCE. — MÉNAGE. — NOUVELLES INVENTIONS. — RÉBUS.

Supplément littéraire. — Celles qui s'amusent (*suite*). — SAYNÈTE : Rose ou Bleue?

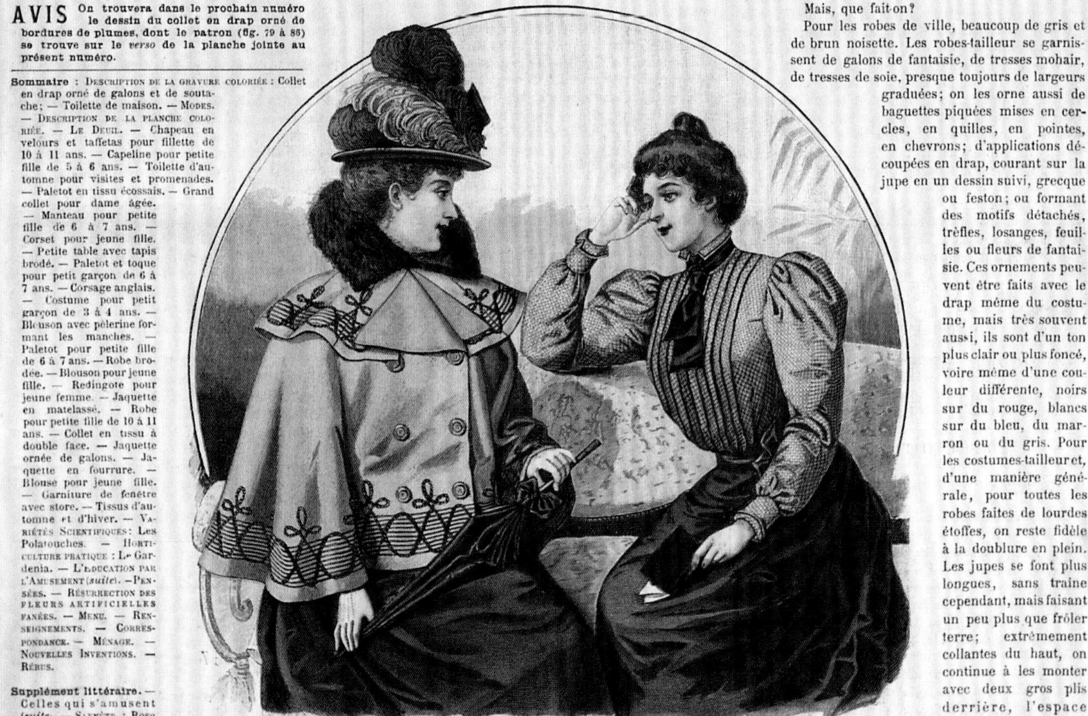

Collet en drap orné de galon et de soutache. Toilette de maison pour jeune femme.
Modèles de chez Mmes Gradoz-Angenault, rue de Provence, 67.

DESCRIPTION DE LA GRAVURE COLORIÉE

Modèle de chez Mmes Gradoz-Angenault, rue de Provence, 67.

Robe en lainage loutre. — Collet en drap écru, orné de galons nuance loutre, posés en lignes droites, et de soutache de même teinte disposée en courbes et trèfles, sur les galons; grand col pareil, doublé de satin or, formant devant, deux larges revers; le collet ferme devant sous de grands boutons dorés; col Médicis mobile, fait de plumes noires frisées; chapeau rond en feutre noir, garni de plumes or et loutre.

Toilette de maison pour jeune femme. — Jupe en soie noire; corsage-blouse, en soie vert émeraude quadrillée de noir, disposé devant en plis plats; manches demi-larges, à poignets ajustés, boutonnés; cravate de soie noire; ceinture vert émeraude; un petit col de même tissu que le corsage, est replié par-dessus la cravate.

MODES

Mesdames, voici que l'on s'occupe sérieusement des toilettes d'arrière-saison. Préparez-vous, car les mauvais jours sont proches.

Mais, que fait-on?

Pour les robes de ville, beaucoup de gris et de brun noisette. Les robes-tailleur se garnissent de galons de fantaisie, de tresses mohair, de tresses de soie, presque toujours de largeurs graduées; on les orne aussi de baguettes piquées mises en cercles, en quilles, en pointes, en chevrons; d'applications découpées en drap, courant sur la jupe en un dessin suivi, grecque ou feston; ou formant des motifs détachés, trèfles, losanges, feuilles ou fleurs de fantaisie. Ces ornements peuvent être faits avec le drap même du costume, mais très souvent aussi, ils sont d'un ton plus clair ou plus foncé, voire même d'une couleur différente, noirs sur du rouge, blancs sur du bleu, du marron ou du gris. Pour les costumes-tailleur et, d'une manière générale, pour toutes les robes faites de lourdes étoffes, on reste fidèle à la doublure en plein. Les jupes se font plus longues, sans traîne cependant, mais faisant un peu plus que frôler terre; extrêmement collantes du haut, on continue à les monter avec deux gros plis derrière, l'espace qu'ils occupent est de plus en plus restreint et, volontiers, on les remplace par un pli unique, très profond; si l'on a quelque peine à placer l'ampleur, on peut le faire double ou triple; il n'en produit ainsi que meilleur effet et, en se soulevant, en bouffant un peu, donne plus d'allure et de grâce au juponnage.

La veste-blouse, retombant tout autour sur la ceinture, avec petite basque crénelée, ou basque ronde coupée en forme, a de beaux jours en perspective : on la portera tout l'hiver en guise de corsage; faite en velours noir, toute galonnée en cercles de tresses de soie, elle a un grand cachet de distinction et peut se mettre avec des jupes variées.

《时尚画刊》（*La Mode illustrée*）在 1860 年确定了其先锋派的版式，被视为现代时尚刊物的开端；图为 1897 年该刊物的头版。

引言

“历史不会记录没有风尚和菜单的年代。”

E·德·龚古尔和J·德·龚古尔[1]

19世纪是紧身胸衣、克里诺林裙撑和图尔努尔衬垫的时代……在这个时期，雅致和考究是男装的代名词，而女装风格变来变去，却又精彩连连。裙围和袖窿首先变宽大然后又收拢起来，腰线竭力回归其本来的位置，但最终被紧身胸衣所固定。如果将19世纪的女装比喻成一片花田的话，那么督政府（Le Directoire）和法兰西第一帝国（L'Empire）时期的女装是鸢尾花，洁白挺立；复辟王朝（La Restauration）时期的女装是虞美人花，花朵初绽；到了法兰西第二帝国（Le Second Empire）时期，虞美人花的花冠怒放，也许是花瓣绽开得太过分，最终凋零枯萎于第三共和国（La Ⅲ^{e} République）建立的前夕。富有魔力的“美好年代”（La Belle Époque），又一次让花瓣似的裙围和袖窿绽开。而到了20世纪之初，在现代之风的吹拂下，之前的花朵全不见了踪影，只留下了花茎！“女士们身形的曲线变化就像一部表现花朵的电影”，“美好年代”时期的作家比贝斯科公主（Princesse Bibesco）如此定义19世纪的时尚。

在浪漫主义的花朵廓型和服装体量的变幻之间，19世纪的时尚还将一些新的角色搬上历史舞台，女性时尚刊物率先发展起来。虽然这一类型的刊物发端于18世纪末，但却是在19世纪第一帝国时期得到了前所未有的发展，时尚版画由此兴起，成为当时出版产业的拱顶石，裁缝们对于服装的创作以时尚版画的形式被表现出来。在这之后，时尚版画开始为成衣缝制工坊和巴黎大百货商店服务。出现于19世纪中后期的巴黎大百货商店，由于采用了新颖的商业政策，并在女装成衣缝制这一环节上进行了创新，轰轰烈烈地开展起了时尚大众化运动，成为极具影响力的服装业巨擘。与此同时，19世纪50年代后期，被称为高级服

---

[1] 龚古尔兄弟（les frères Goncourt，Edmond de Goncourt，Jules de Goncourt）：19 世纪法国作家。——译者注

装（Haute mode）或大定制（Grande couture）的模式出现（高级定制haute couture的概念之后才出现），成为富有的精英阶层女性的专属，而当时的时尚刊物主要面向的是资产阶级女性，其中几乎见不到这类高级服装。最终，在19世纪末的几十年里，描绘巴黎女人的线条逐渐勾勒出新缪斯的轮廓，这一天赐的灵动形象，不就是延续至今的法式精致与高雅的化身吗？巴黎女人是时尚的表演者，是时尚的灵感来源，更作为时尚教母，幕后掌控着时尚的风潮变换，时尚巴黎女人是所有目光汇聚的焦点。时尚刊物、大百货商场、成衣缝制、高级定制、时尚风格领袖，19世纪一砖一瓦地建造出为我们所熟稔的、具有当代意义的时尚大厦。

时尚与时尚刊物的命运交织

19世纪的时尚和时尚刊物配合默契，前者为后者提供内容，后者成为服饰新品传播的平台。时尚刊物在扮演推介角色的同时，也对时尚进行评估，甚至对其进行批评与评判，以达到推陈出新的目的。19世纪各类时尚潮流的涌动，是时尚刊物发行人和编辑们巨大影响力的体现，时尚刊物和时尚的命运从此交织在一起……

直到七月王朝时期（La Monarchie de Juillet，1830—1848），时尚期刊的读者主要是上流社会的精英们，非富即贵，有大把的闲暇时间。时尚期刊在品味和生活艺术层面引导他们，为他们建言献策。法兰西第一帝国时期的时尚期刊《女士和时尚日报》（*Le Journal des dames et des modes*）被公认为时尚圣经，是女士们能够具备优雅风度的保证，女性读者对其言听计从，就连奉行丹迪主义的男士们也按照该期刊定义的着装标准去评判女士们的衣着品位！从法兰西第二帝国时期开始，不单单是上流社会群体，时尚期刊扩大受众面，逐渐覆盖资产阶级各个阶层，向他们推荐持家之道，为他们提供制作服装服饰的板型。创刊于1860年的《时尚画刊》（*La Mode illustrée*）如此概括它的办刊宗旨："通过严谨精确的版画和注解，教授家庭主妇和年轻女士们自己制作各种居家实用的服装服饰用品的方法。"随着这场时尚大众化运动，时尚期刊成为服装服饰各行业的展示窗口，有着惊人的广告效应，裁缝们、服装大商场、帽子店、发型师无一不依靠时尚期刊来提升他们作品的价值……除了这一实用性的角色外，时尚期刊将几乎所有重心落在履行"博物馆"的使命上。1835年，《女士和时尚日报》的编辑们明确表示希望能够"为子孙后代留下

N.° 4. (Douzième Année.) 20 Janvier, 1808.

JOURNAL DES DAMES

ET

DES MODES.

Ce Journal paroît avec une gravure coloriée, tous les cinq jours; le 15 avec deux gravures. (9 fr. pour trois mois, 18 fr. pour six, et 36 fr. pour un an.) *Les abonnemens datent du 1.er ou du 15.*

PARIS.

Ce 19 janvier 1808.

La Belle Assemblée, journal des modes qui paroît à Londres, donne une idée bien plaisante du costume des Dames Anglaises : tous les peuples sont mis à contribution pour le petit négligé d'une femme sans tournure, et si le journaliste ne parloit le plus sérieusement possible, on croiroit que son bulletin n'est qu'une critique. Qui pourroit en effet se figurer qu'un habillement du matin se compose d'un bonnet fait en forme de melon cantaloup, d'une robe napolitaine, d une chemisette à la Calypso, d'un corset espagnol, d'un schall de la Chine, d'un collier à la Cléopâtre, et que l'ensemble du costume doit être pris dans le style persan : à d'autres qu'aux anglaises appartient de faire sympatiser les disparates, et la gravure qui accompagne le journal vient à l'appui de notre assertion : toutefois il paroît que la couleur dominante dans ce pays est le vert américain, et que les bijoux les plus en vogue sont ceux qui ont pour ornemens des ametistes ou des perles. Quel dommage que nous ne puissions offrir à nos lecteurs une copie de cette carricature; ils verroient en quoi une belle de Londres diffère même d'une habitante du Marais.

Les Anges à l'église.
Les Amours à la maison.
Prix, 48 sols en noir, et le double en couleur; chez Ostervald l'aîné, rue du Petit-Lion-St.-Sulpice, n°. 20.
Une jeune mère de famille, dans l'attitude du recueillement et deux enfans qui prient, composent le premier tableau.

19 世纪初，时尚刊物很少配图，《女士和时尚日报》只有 8 个版面规模，除文字外有 1~2 版的彩色版画。

时代记忆”而服务，解读一段时期的审美取向并保留其存在过的痕迹，也是19世纪时尚刊物工作者的志向。

让·多努·德魏瑟（Jean Donneau de Visé）于1678年尝试发行了第一份时尚小报，名为《文雅信使》（*Mercure galant*），当时仅有五个版面，不久就停刊了。1770年在英格兰创刊的《女士博物馆月刊》（*The Ladies' monthly museum*）被认为是第一份真正意义上的时尚刊物。之后，雅克·爱思诺（Jacques Esnauts）和米歇尔·雷普利（Michel Rapilly）在1778年共同创刊了著名的《法国风尚和服装画廊》（*Gallerie des modes et des costumes français*）。这份期刊将1789年旧制度❶（L'Ancien Régime）结束前的法国时尚细致地呈现出来，有四百多个版面。法国大革命（La Révolution）的到来给女性时尚刊物的出版踩了刹车，1794~1796年，法国没有发行任何时尚刊物。

这次短暂的中断后，出版业重新发力，走上正轨，在整个19世纪里蓬勃发展。让我们举几个重要时尚出版物的实例。在19世纪前四十年的时间里，《女士和时尚日报》的主导地位不可撼动，八开的版面，共八版，除文字外还配有1~2版的彩色版画。读者每年订阅费为36法郎，每五天刊发一期。这份刊物可以说是真正意义上的时尚大百科，把从督政府至七月王朝时期的时尚风潮悉数收录。大革命后，潮流街区的年轻人开始引领潮流，那里穿着高雅的巴黎女人们成为时尚插画师们的观察和描摹对象。这些插画师忠实地描绘她们的穿着打扮，类似于今天的街拍，摄影师在街头拍摄着装新颖的人。

《女士和时尚日报》虽然创造力十足，发行量也不少，但还是要直面竞争对手。它的第一个竞争对手就是1821年发刊的《女士小信使》（*Petit Courrier des dames*）。这份期刊采用了同样的版式，也是周刊。这份刊物的创新之处在于其中会呈现服装的正面直立和坐位图，还有背面图。在文体方面同样也有创新之处，《女士小信使》获得了很大的成

❶ 旧制度指法国大革命前的王权时期。

功，截止到1868年，发刊版面超过了3600版。

19世纪30年代，另外两份期刊加入了竞争者的行列。其中一份是《时尚报》（*La Mode*），从1829年开始每周六发刊，由于得到贝利公爵夫人（La duchesse de Berry）的大力支持而备受尊崇。另一份是《家神》（*Le Follet*），在欧洲有德国版、意大利版、比利时版和英国版。它的年度订阅价格也更为亲民，26法郎一年，比《女士小信使》的36法郎便宜10法郎。当时法国时尚版画相对于英国的领先地位是不容置疑的，还有其他几份期刊也非常有名，其中《青年日报》（*Le Journal des jeunes personnes*）、《家庭博物馆》（*Le Musée des familles*）和《未婚女士日报》（*Le Journal des demoiselles*）这三份都是在19世纪30年代初创刊，取得了突飞猛进的成就。发刊后几个月就有好几千的订阅量，版面扩大到大八开或四开，彩色版画的版面数也增加了，其中《未婚女士日报》在1922年时已累积刊发了五千幅左右的版画。

19世纪上半叶，尤其是从复辟王朝时期开始，时尚刊物的编辑策略可能是受到了浪漫主义的影响，走的是文学风格。年轻女性读者迫不及待地追着刊物每一期上的小说连载，一般都是说教性质的小说节选。刊物的时尚专栏通常是以书信体的形式，借用一位巴黎女人的口吻，迫不及待地把当季的巴黎服装和服饰新品介绍给她在外省的女性朋友……

着装标准和时尚新品指南

为了使年轻的女性读者得到更好的熏陶，时尚期刊变成教授生活艺术的实用手册，是关于着装标准、高雅和卫生的教科书。我们在其中可以看到大量的"美妆"建议，涉及皮肤和头发的保养、牙齿的洁净和卫生等，甚至还有如何应对出汗和白头发的小窍门……人们的举手投足，穿衣搭配，不论男女，在其中都有具体的定义，细致到犹如女孩子出嫁的嫁妆行头一样。目的很明确：就是要避免任何不合时宜的情况出现！

与时尚杂志不同的是，这类实用小册子很少配图。但是我们还是可以在其中找到一些图示，例如，占据整个版面的各种领带领结的系法图示，极其复杂！着装标准异常繁复，过分追求雅致到过度时尚的地步，身上各处的服装服饰都得是定制的才行！

售卖布料、成衣还有缝纫用品的服装服饰新品商店一直和时尚刊物保持联系，这些商店有时会编辑发行一些免费的时尚小报，都是由当时最优秀的插画家绘制，主要目的还是做广告宣传。和

从1860年起，时尚刊物更倾向于刊发一些面向家庭主妇的内容，衬裙衬衣等内衣的图示和菜谱被混杂在一起；《时尚画刊》，1877年。

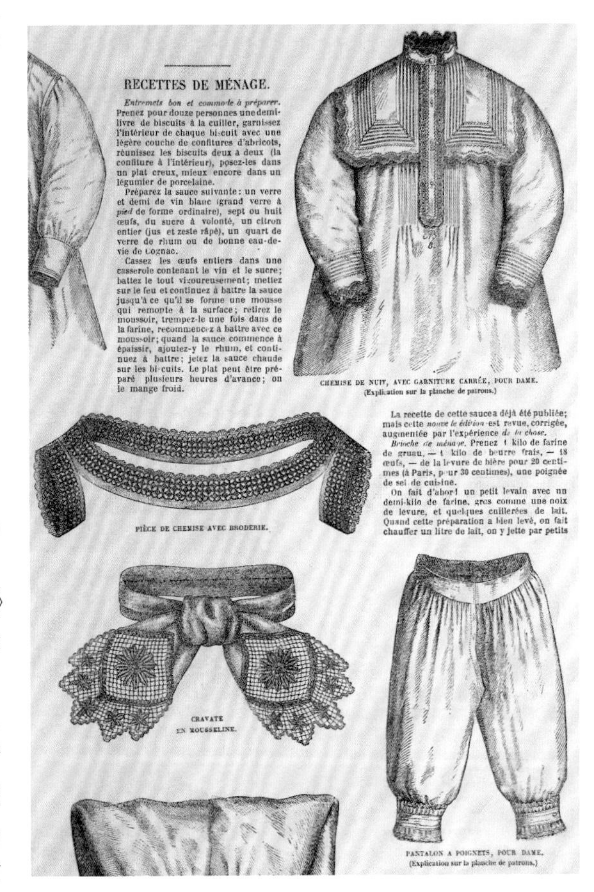

RECETTES DE MÉNAGE.

Entremets bon et commode à préparer. Prenez pour douze personnes une demi-livre de biscuits à la cuiller, garnissez l'intérieur de chaque biscuit avec une légère couche de confitures d'abricots, réunissez les biscuits deux à deux (la confiture à l'intérieur), posez-les dans un plat creux, mieux encore dans un légumier de porcelaine.

Préparez la sauce suivante : un verre et demi de vin blanc (grand verre à *pied* de forme ordinaire), sept ou huit œufs, du sucre à volonté, un citron entier (jus et zeste râpé), un quart de verre de rhum ou de bonne eau-de-vie de Cognac.

Cassez les œufs entiers dans une casserole contenant le vin et le sucre; battez le tout vigoureusement; mettez sur le feu et continuez à battre la sauce jusqu'à ce qu'il se forme une mousse qui remonte à la surface; retirez le moussoir, trempez-le une fois dans de la farine, recommencez à battre avec ce moussoir; quand la sauce commence à épaissir, ajoutez-y le rhum, et continuez à battre; jetez la sauce chaude sur les biscuits. Le plat peut être préparé plusieurs heures d'avance; on le mange froid.

CHEMISE DE NUIT, AVEC GARNITURE CARRÉE, POUR DAME.
(Explication sur la planche de patrons.)

La recette de cette sauce a déjà été publiée; mais cette *nouvelle édition* est revue, corrigée, augmentée par l'expérience *de la chose.*

Brioche de ménage. Prenez 1 kilo de farine de gruau, — 1 kilo de beurre frais, — 18 œufs, — de la levure de bière pour 20 centimes (à Paris, pour 30 centimes), une poignée de sel de cuisine.

On fait d'abord un petit levain avec un demi-kilo de farine, gros comme une noix de levure, et quelques cuillerées de lait. Quand cette préparation a bien levé, on fait chauffer un litre de lait, on y jette par petits

PIÈCE DE CHEMISE AVEC BRODERIE.

CRAVATE EN MOUSSELINE.

PANTALON A POIGNETS, POUR DAME.
(Explication sur la planche de patrons.)

同时期的其他时尚杂志一样，这类时尚小报上会给出穿衣搭配的指南。例如，《博普林·杜卡尔商店的时尚新品特刊》（*Le Journal spécial des nouveautés de la Maison Popelin-Ducarré*）在1842年10月是这样做宣传的：“我们的刊物很特殊，是专供上流社会人士阅读的。只有读者认为这份刊物因其能够最忠实地还原我们时代的服装服饰而有资格被列入精品画册的行列，或者至少值得被收藏的时候，我们做这份刊物的初心就实现了。”几个月后，顾博（Goubaud）出版社和博普林·杜卡尔服装服饰商店携手，将这份广告式的小报更名为《时尚导报》（*Le Moniteur de la mode*）。出版界一直和时尚界的不同角色保持紧密的联系，对服装服饰新品商店的创新举措尤为关注。《时尚导报》在1843年到1892年间不断扩大影响力，1890年时就已经拥有近二十万名订阅读者……这份成就尤其应该归功于该刊物与时尚插画家儒勒·大卫持久的合作，这位时尚插画家的天赋让时尚版画得以名满天下。

时尚刊物的黄金时代

在19世纪后50年里，时尚刊物的数量不断增多，这对女性读者来说真是天大的幸事，因为她们对时尚和其潮流的变换忠贞不贰。1852年就已经有四十多份时尚刊物了，面对竞争，这些杂志提高插图的数量，并与最有天赋的插画师进行合作，因为那时的时尚刊物能否成功主要取决于它版画质量的优劣。法兰西第二帝国时期的优雅女士们认真遵循着创刊于1857年的《家庭顾问》杂志（*Conseiller des familles*）的穿衣搭配指南，更是对《时尚画刊》上的建议和推荐言听计从，《时尚画刊》在1860年采用了扩大版面这一创新举措，这份杂志是时尚刊物在发展中的一个转折点。《时尚画刊》在其每周刊发的版面上印制大量的黑白版画，还在特刊上配有服装板型，每年刊发多达52版彩色版画。正是由于它强于创新，其年发行量在1866~1890年翻了一倍，达到了十万份，这份业绩使其成为19世纪下半叶最重要的时尚刊物之一。

时尚杂志反复强调依据卫生守则和社交礼仪进行服饰搭配的着装标准；《时尚画刊》，1869 年。

1870年，共计八十多份时尚刊物为巴黎时尚摇旗呐喊，但是随着法兰西第二帝国的崩塌，其中大约一半偃旗息鼓。

在法兰西第三共和国时期，有几份时尚刊物主宰着市场。1871年由顾博创办的《时尚杂志》（*La Revue de la mode*）在版面规模和编辑风格上都越来越接近《时尚画刊》。《艺术和时尚》（*L' Art et la Mode*）自1880年起开始面向富贵阶层，把女士服装和服饰上升到艺术品范畴。1891年，《实用的时尚》（*La Mode pratique*）创刊，照片首次出现在了杂志中，时尚版画自此开始衰落。从这个时期开始，绝大多数的时尚刊物开始使用大版面，尤其是读者可以选择是否订阅带彩色版画或是服装板型的订阅套餐，这样一来，订阅政策更加灵活多样了。不论巴黎还是外省，不论是上流社会精英还是小资产阶级，时尚刊物的读者群体更加庞大了。虽然刊物的编辑内容和栏目主要还是与时尚有关，但是却越来越面向家庭主妇，内容里会出现各类各样的刺绣针法、家庭菜谱和一些家居装饰方面的建议。这些杂志同时也是广告的专属载体，在最后几页以广告小文的形式出现，或是在专栏当中直接提及各家服装服饰商店……在19世纪和20世纪之交时，虽然还没有印刷在铜版纸上，但时尚刊物和我们今天翻阅的时尚杂志已经越来越相像。另外，时尚刊物的数量非常惊人，据1898年的《刊物年报》（*Annuaire de la Presse*）统计的数据显示，巴黎当时约有130份时尚刊物。1900年后，无文字的插图版画只在《未婚女士日报》等几份刊物中得以保留。总体来说，我们可以看到订阅费用在这一百年间一直在下降，而版面规模却不断地在扩大，从八开到大开张，刊物的发行周期以周刊为主，也有十日刊或是双月刊。

本书向这些时尚刊物的创立者和重要参与者表示敬意，包括杂志社社长、专栏作家、插画家、雕刻家，他们和今日的同行一样，引领着时尚的风云变幻……也正是多亏了他们，才使那些藏于刊物中旧时的曼妙廓型从沉睡中苏醒，徐徐而来。1859年，波德莱尔[1]（Baudelaire）对《女士和时尚日报》报社社长皮埃尔·德·拉梅桑热尔（Pierre de La Mésangère）的时尚版画收藏赞叹不已："就算是今天，这条丘尼连身裙和大披肩仍能在读者的想象里裙摆飘动。"除了图像，时尚刊物的文章中也充盈着宝贵的信息，其中有些是出自著名作家之手，凭着这些信息不仅可以追溯服装廓型的变迁，也可以鉴赏由某位灵感缪斯或是某种风潮带来的往日风尚……1829年由艾米尔·德·吉拉尔丁（Emile de Girardin）创刊的《时尚》（*La Mode*）日报，一直备受贝利公爵夫人的扶持，这位公爵夫人自己凭借这份刊物也对当时的流行风尚产生了深刻影响。奥诺雷·德·巴尔扎克（Honoré de Balzac）于1830年还在这份报纸上刊登了他的《风雅生活论》（*Traité de la vie élégante*）！另外，直到1902年，艾茉莉娜·雷蒙（Emmeline Raymond）一直是《时尚画刊》的专栏作家，她敏锐的视角细致地见证了那个时代的风度仪态。这份刊物的时尚版画是由几位著名的时尚插画家创作的，她们是爱洛依丝·乐鲁尔（Héloïse Leloir）、阿娜依丝·图度兹（Anaïs Toudouze）和劳尔·诺埃尔（Laure Noël），还有很多天才插画家都为时尚版画的黄金时代贡献了自己的力量。

穿过这些名人肖像的长河，女性时尚刊物向我们展示了女装、男装和童装的多样性。直到19世纪40年代，男装在这些刊物的版画中的占比大约为百分之十。儿童通常身穿和他们母亲相似的服装，站在母亲身旁，只是女孩子的裙子比母亲的短一些。到了1850年，由于专门刊登男士定制服装的刊物的出现，男装在女性时尚刊物中的比重快速降低并很快消失。而童装在女性时尚刊物中的分量却反而大幅增加，我们可以在其中看到越来越多的童装插画，简直就是成人服装的缩小版！

为了让女士们不断地更新她们的服装，时尚刊物自由地给它们刊登的服装和结构进行详细的命名和描述。一天当中没有一个场合的服装搭配能逃过时尚刊物的专业鉴定：室内着装、花园着装、拜访着装、娱乐场着装、正餐着装、舞会着装，还有去听音乐会专门要穿的服装……一个女人一生中各种重要时刻的服装也被考虑到了：婴儿着装、8~12岁的女童着装、领圣体仪式着装、伴娘着装、婚礼弥撒仪式着装、新娘母亲的着装、丧葬着装和轻丧着装，甚至还有年长女士着装，直至生命的终结！然而从风格来看，很难分辨出哪个是参加慈善售卖时穿的服装，哪个是聚会时要穿的服装。时尚刊物正是利用这种编辑策略，巧妙地激起了人们对穿着新式服装的渴望！

[1] 波德莱尔（Charles Baudelaire，1821—1867），法国诗人，象征派诗歌先驱，现代派奠基者、散文诗的鼻祖。——译者注

这些旧日的图像对今天的我们来说是一笔难以估量的巨大遗产。这些言简意赅却内容丰富的历史资料，让我们能够从中了解先人们的服装服饰与搭配方式，更让我们能够透过他们的穿着和姿态，对他们的道德观、思想观和审美观有所洞见。

女装商人和女裁缝

18世纪末，女装制作的各个环节由于继承了前几个世纪的传统格局，在行业分类上仍然非常分明。而在女装设计领域主要是女裁缝（Couturière）和女装商人[1]（Marchande de mode，法文也称Modiste）这两个职业在竞争。女裁缝主要是执行者的角色，在实际制衣的过程中运用装饰手段给服装增强艺术感，具有设计师的属性。而女装商人原指经营女装的女性商人，也是制作帽子、头饰还有裙子装饰物的人，即modiste，然而她们的经营范围和影响力逐渐扩大。旧制度时期的罗斯·贝尔丁（Rose Bertin）和法兰西第一帝国时期的伊波利特·勒罗伊（Hippolyte Leroy）这两位著名的女装商人的角色，是之后出现的服装设计大师[2]（Grand couturier）的前身。这两位，前者被誉为“服装大臣”，后者被尊为“帝国服装大总管”，其头衔的隆重程度丝毫不亚于我们这个时代被尊崇的“明星”服装设计大师们！他们是高级定制服装行业的先行者，除了具备服装设计的天赋以外，他们敏锐的商业意识和高雅的鉴赏力是助其获得巨大成就的关键。

罗斯·贝尔丁效力于玛丽·安托瓦奈特王后，他不断地推陈出新，加快了时尚变幻的节奏。而伊波利特·勒罗伊一直推崇能够体现良好风度的服装廓型，他的服装获得了约瑟芬皇后[3]（L' impératrice Joséphine）和玛丽·露易丝皇后（L' impératrice Marie-Louise）的青睐。他是怎么做到的呢？原来，在女装商人这一行业还不为大众所知的时候，伊波利特·勒罗伊就开始和一位富有天分的女裁缝合作，她就是兰博女士

[1] Marchand de mode 译为女装商人，法文也称 modiste，后来 modiste 逐渐失去“女装商人”的意思，仅指经营女帽的女商人。——译者注

[2] Grand couturier 译为大裁缝，在当代语境下为“服装设计大师”。——译者注

[3] 约瑟芬皇后是拿破仑一世的第一任妻子，玛丽·露易丝皇后是其第二任妻子。——译者注

（Madame Raimbault），他们联手打开了为帝国皇室提供服装服务的大门。可是他背信弃义，抢走了合作伙伴精心制作的服装板型，并与其分道扬镳……这之后，他急速发展，独自执掌在巴黎占据一整栋楼的服装制作工坊，欧洲各国皇室的订单也纷至沓来。从那以后，伊波利特·勒罗伊被称作“大裁缝”，也称他是一家著名服装工坊的“指挥”！女装商人行业自此逐渐被忘却，失去了它的特性，这个称谓也不再被使用。虽然第一帝国时期的皇家服装被装饰得极其奢华，但却与旧制度时期的法式裙装的装饰相差甚远。慢慢地，女装商人消失，女裁缝取而代之（这些裁缝一般来说都是女性）！她们之中大多数势单力薄，但却有几位女裁缝取得了不错的名声，她们是帕尔米勒女士（Madame Palmyre）和维侬女士（Madame Vignon），这两位女裁缝于1853年欧珍妮·德·蒙提荷（Eugénie de Montijo）皇后嫁给拿破仑三世（Napoléon Ⅲ）时吸引了这位皇后的注意力。自此以后，这些手工艺人，无论是否出名，开始主宰女装制作行业。女装商人的另一个法文称谓“Modiste”虽然得到保留，但其意义仅限于手工缝制女帽的制帽者。

巴黎大百货商店时代

1850年之前，独立女裁缝们和服装服饰新品商店各占女装行业的半壁江山。男装裁缝（Tailleurs）主要负责男装和一些特殊女装的制作，比如说阿玛佐纳女士骑马套装（Costume d' amazone）。1850年之后，时尚刊物开始不遗余力地刺激读者对服装服饰的购买欲望，正好，巴黎的大百货商店可以满足她们的购买需求，她们在那里能真正体会到宾至如归的感觉，能够买得到她们在时尚刊物里看中的服装和配饰。在这些大百货商店里有品种繁多的各类奢侈品，其建筑本身也营造出仿佛置身于光芒四射的仙宫里一样的意境，还配有像电梯这样当时最超前的便利设备！以上种种新潮的措施为大百货商店的崛起推波助澜，那时除了巴黎，其他城市可还没有这样的大百货商店呢！

1852年，阿里斯蒂德·布西科（Aristide Boucicaut）夫妇尝试将一个小服装服饰新品店进行转型，起名为“奥蓬马歇”[1]

[1] Au Bon Marché 译为“好市场”或“好交易”，该商店至今仍然在原址营业，以 Le Bon Marché（音译为乐蓬马歇百货）知名于世。此处采用其音译名。——译者注

著名时尚插画家儒勒·大卫在1889年《时尚杂志》中描绘的身着城市套装的高雅女士们在巴黎大百货商店内购物的场景。

（下页）1852年，阿里斯蒂德·布西科创立的奥蓬马歇百货商店，时至今日，该商店雄壮的外立面仍然是时尚之都——巴黎的象征之一；明信片，1900年左右。

（Au bon Marché）百货商店。布西科的前卫思路让这家位于赛福尔街（Rue de Sèvres）的百货商店成为一匹黑马，脱颖而出。那时的巴黎整个上流社会交际圈就像热爱参观先锋式展览和观看热门戏剧一样，热衷于去奥蓬马歇百货商店购物。位于奥斯曼大道的春天百货商店（Le Printemps）1865年开门营业，离巴黎圣·拉塞尔火车站（Gare Saint-Lazare）不远。而肖夏尔和艾里奥（MM. Chauchard et Hériot）共同创建的卢浮宫百货商店（Les Grands Magasins du Louvre）就开在了卢浮宫对面的皇宫（Palais-Royal），却在1974年停止营业，但是上文提到的那两家百货商店时至今日仍然占据着临街绝佳的位置。进入法兰西第三帝国统治时期后，巴黎大百货商店的顾客群体与女性时尚刊物的读者群体都扩大了，主要是由资产阶级闲适富有人群构成，只有他们有能力去消费高级新品（Hautes nouveautés），换句话说就是那些日常生活不必要的物品。这些大百货商店也逐步向小资产阶级敞开了大门，向他们提供一些低价格的物品，如衬衣内衣、针织品和编织品等。这样，家庭主妇们可以遵循资产阶级家庭财政的管理理念去那里理智地购物。为了能够争取到其他城市的顾客群体，这些大百货商店设计并刊发产品目录，随刊寄送面料小样，在服装图示底下标明在售尺码和相应的价格。这类产品目录还给订阅用户提供一年中要减价销售的产品信息，其实就是今天的打折促销季了！行之有效的灵活价格政策加上客户的忠诚稳定是这些新兴高级消费场所能够取得商业成功的制胜法宝。

女装成衣业引领的新时代

消费习惯的改变给女装成衣业带来了长足的发展，后者成为大百货商店创新商业战略的中心。女装成衣生产模式

建立的同时，1829年巴尔第雷米·迪莫尼埃❶（Barthélemy Thimonnier）发明的手动缝纫机（绰号：缝纫女工couseuse）也被更多地应用，自动缝纫机随之出现。女装成衣业的发展带来了服装外衣生产的机械化（内衣仍然是手工缝制），实现了全尺寸的整套系列生产，制作出来的服装外衣可以直接售卖。最开始的时候，只是生产军服、廉价的工装，与服装的质量相比更加注重其功能性。女装成衣生产的实用性特征使之区别于传统男装女装需要定制的模式。

我们可能由此认为当时的女装成衣业就像服装时尚业的穷亲戚一样，会被消费群体轻视怠慢，因为后者越来越苛求服装物料质量的优劣。但是大百货商店却创新性地为消费者额外提供制作好的成衣或是半制作好的成衣，这些半成品可以应顾客的喜好进行修改，从那时起，女装成衣便随着时尚业的潮流变化，发展至今。为了紧随流行趋势，大百货商店从查尔斯·皮拉特（Charles Pilatte）和雷昂·索尔特（Léon Sault）这样有名的服装风格设计和插画师们那里购买手稿，而传统女装裁缝也这样做，因为她们一般来说并不擅长服装风格和图案的呈现。这些服装风格设计和插画师作为服装时尚业的新角色登上了历史舞台，他们就是今天独立服装设计师（Styliste freelance）的前身。大百货商店的楼上就是配备了现代机器的成衣制作车间，在这里，灵感来自插画手稿的服装被制作出来。然而，如果需要大批量的制作时，大百货商店就会把制作工作委托给其他独立的成衣制作工坊，这样一来，服装的售价可以低于传统女装裁缝定制的服装，其质量也可以得到保证。

理论上讲，女装成衣销售柜台只销售外出服装，如大衣、外套和贝乐瑞短披风，可是他们也提供运动休闲和旅行

❶ 巴尔第雷米·迪莫尼埃（Barthélemy Thimonnier），法国发明家，发明了手工缝纫机。——译者注

Nous offrons en prime à nos Abonnées la célèbre machine à main
LA MASCOTTE
qui s'est toujours vendue partout 75 fr. et que nous vendons
En PRIME à 50 fr.
Cette machine fait tous les travaux de couture ; son point est perlé et convient admirablement pour la famille.
Elle est accompagnée d'un livre illustré contenant toutes les explications.
Elle peut marcher au pied en l'adaptant sur une table qui coûte 40 francs.
Envoyer 50 francs en mandat-poste (ou 90 francs, avec pied) à M. Abel Goubaud, 3, rue du Quatre-Septembre, Paris, et vous recevrez ladite machine, franco d'emballage.
Nous recommandons spécialement la même machine montée sur tablette de marqueterie, recouverte d'un beau coffret fermant à clef, avec poignée servant à la transporter plus facilement. — Prix, complet 70 fr.
LA MASCOTTE

绰号为"缝纫女工"的手动缝纫机和自动缝纫机伴随着女装成衣业的发展，是巴黎大百货商店服装制作的顶梁柱；图为宣传马斯考特手动缝纫机（Mascotte）的广告，约1892年。

套装，这类服装后来被命名为男士西服式套裙（Costumes façon tailleur），这个称谓最初出现在1886年的一份产品目录里。女装成衣柜台销售的这些成衣服装是大百货商店取得成功的大功臣，而连身裙销售柜台则提供高雅而制作精细的产品，这些裙装部分由缝纫机辅助完成，大幅缩短了制作的时间。

从19世纪80年代开始，女装成衣业被服装业界所接纳，甚至由于它覆盖面之大而广受认可。卢浮宫百货商店曾经为此感到非常满意："女装成衣销售柜台和连身裙销售柜台不是复制时尚，它们是在创造时尚。从最不起眼的服装一直到宫廷式连身裙或者是庆典盛装，每位女士都可以根据自己的经济条件，在这里找到最新款而且最高雅的裙装。"难道巴黎大百货商店这是要与即将登上历史舞台的高级定制一决高下吗？

查尔斯·弗雷德里克·沃斯——高级定制的先锋

伊波利特·勒罗伊让人们见识了"大裁缝"，即"服装设计大师"独特的个性，然而要等到19世纪50年代末，查尔斯·弗雷德里克·沃斯（Charles Frederick Worth）才算是高级定制真正的先锋人物。这位来自英国的年轻人1845年定居巴黎的时候才二十多岁，他当时在伽之蓝奢侈新品商店（La maison Gagelin）做销售工作，颇具天赋。他提出要把伽之蓝的缝制服装业务和布匹面料销售业务结合起来，为顾客们提供事先设计制作好的裙装系列，该系列裙装均使用伽之蓝自己的面料。他请当时同在伽之蓝供职的年轻女士玛丽·维尔纳（Marie Vernet）穿上这些裙装试装（玛丽后

服装风格设计师和插画师的手稿因忠实呈现了时尚的风潮涌动，对女装裁缝和大百货商店的女装成衣销售柜台来说是一座创意的宝库；查尔斯·皮拉特绘，约 1869 年。

来成为他的妻子），于是真人试衣模特这一概念迅速萌芽，这种全新的营销手法给沃斯带来了大量订单，极为成功。可是，伽之蓝奢侈新品商店却不想在这一创新性的营销方式上走得更远。沃斯的命运在左右摇摆，直到他设计的服装得到奥地利公主梅特涅[1]（Princesse de Metternich）的喜爱，并将他引荐给了欧仁妮皇后。这次和皇后的见面，标志着沃斯腾跃式发展的开始。1858年，沃斯在巴黎和平大道落户，那里是高级定制的发源地，他的风头很快盖过了以帕尔米勒女士和维侬女士为代表的传统女装裁缝们。

沃斯和布西科一样，曾经是面料销售部首席销售员，是一名成功的销售，他把市场营销手法和巴黎传统裁缝行业结合发展，运用他高度创新的理念，建立起他自己的"女装新品成衣专门店"。这些理念中排第一位的就是创新设计"服装款式"，而这些款式并不是事先按客户的要求而定制的。因为在那个时期，从来都是客户来决定想要制作什么样式的服装，在女裁缝或多或少的引导下，由客户自己确定面料、剪裁的方式和装饰的细节。而沃斯却颠覆了这个供求关系，在他那里，执行者转变为创造者。他完全独立设计裙装样式，制作出样衣，直接由客户上身试衣，现场修正款式直到裙装达到完美的效果，就像变魔术一样！沃斯强大的独立设计才能让裁缝的意志可以不屈从于客户，是他创造出了"设计风格"（Style）这一概念，每一季，带有"沃斯设计风格"标签的服装，以统一的剪裁细节和装饰方法，体现出沃斯强大的个人品格和魅力。

同时，沃斯也开创了设计作品呈现方式设计的先河。布置奢华的沙龙会客厅，加上光线的巧妙运用，营造出舞会大厅的氛围，一些被称为"索斯（Sosies）"的年轻优雅女士，装扮得如同客户本尊，为客户提供试衣服务，这极大地迎合了客户们自我欣赏的心理。沃斯还促使客户们接受等待，他善于制造惊喜，尤其擅长激发人们对拥有他设计的裙装的渴望，吊足她们的胃口，就像人们热衷于收藏绘画大师的画作一样……

服装上的署名标签与时尚

自主设计、在商店里推广服装款式的概念、使用专属面料、有威望的服装

[1] 奥地利公主梅特涅（Princesse de Metternich，1836—1921），是法兰西第二帝国时期巴黎著名的沙龙主理人。——译者注

设计师的署名标签、季节性盛大发布设计系列，所有这些高级定制的基本要素都具备了。当沃斯自诩为“裙装设计艺术家”的时候，他大概已经忘记了自身职业实际上是属于手工艺的范畴，然而与过去的决裂就在于此：高级定制做的不是普通的裙装，而是服装设计大师署名的款式，就像艺术家署名自己的艺术作品一样。凡是特权阶级的女性每个人都想来一套沃斯署名的裙装，他的署名标签作为裙装的附加值，是至臻完美的保证，女士们以此闪耀于社交名利场。在这里，署名标签之于裙装就如同贵族头衔之于姓氏一样重要。

没过多久，自19世纪70~80年代开始，时尚帝国中的贵族阶层开始开疆辟土，出现了很多服装公司，即时装屋。雅克·杜塞（Jacques Doucet），在继承其父母的男士衬衫和女士内衣商店的基础上，于1875年创办了自己的时装屋。杜塞善用“美好年代”时期流行的浅色调和柔和的线条勾勒女性气质。还有英国男装裁缝瑞德芬（Redfern），他的男士套装高雅舒适，取得了很大的成功，19世纪90年代初还在巴黎开设了分店。而帕坎时装屋（La maison Paquin），一直致力于让“美好年代”时期的女性成为时代的风尚代表，它的创始人珍娜·帕坎（Jeanne Paquin）曾经在龙骧（Longchamp）赛马场展示她的设计款式，身边站着皮草和花边裹身的模特们，那里可是巴黎象征高级风雅的地标！还有其他人采取了一些“曲线救国”的方式挤入时装定制圈：查尔斯·比昂契尼（Charles Bianchini）凭借他在巴黎歌剧院和法兰西喜剧院出色的剧服设计，在1892年又开创了自己的服装定制沙龙，从剧服到城市日常着装，比昂契尼成功跨界！当然还有保罗·普瓦列特（Paul Poiret），他曾在杜塞和沃斯的时装屋做学徒，而后接过了第一代服装设计师的接力棒，于1903年创立了他自己的时装屋。他的设计多产并且极具创新性，一直伴随那个时代的女性直到迈入20世纪的大门。

可令人惊讶的是，高级定制很少被时尚刊物提及。凭着高傲与奉行的精英主义，高级定制好像不需要借助时尚刊物去做广告，单凭设计师的威名便足够了。面向上流社会社交圈的《艺术和时尚》是仅有的经常刊登拉弗利尔（Laferrère）、杜耶特（Doeuillet）、帕坎、杜塞的服装的时尚刊物之一。请看它的描述：“我们所有的服装设计师都殚精竭虑，只为了这周给我们的读者带来难忘的视觉体验。这是在上周日奥特耶的赛马障碍追逐赛（Grand Steeple Chase d' Auteuil）现场，还有在即将开始的龙骧赛马大奖赛（Grand Prix de Longchamp）上也会是一样的情况，穿着优雅裙装的女士们真是美得无与伦比，人们欣赏她们，并低声谈论设计这些服装的艺术家们。”

从一开始，“高级服装”（Haute mode）或是“大定制”（Grande couture）就有别于发展势头强劲的巴黎大百货商店的女装成衣。然而，服装业这两个重要角色却同属于一个行业协会组织，那就是1868年成立的“女装和女童装成衣行业和定制行业协会”（Chambre syndicale de la confection et de la couture pour dames et fillettes）。直到19世纪80年代，沃斯开创的“成衣新品专门店”（Maisons spéciales de nouveautés confectionnées）才开始被称作为“定制时装屋”（Maisons de couture）。从那以后，这类时装屋的建立者（绝大多数都是男性）被统一称为“定制服装设计师”（Couturiers）。渐渐地，定制服装业专注于满足精英阶层的奢侈需求，而女装成衣业则加速了时尚大众化的进程，二者间的鸿沟逐渐加深，前者自带时尚设计师（Créatrice des modes）光环，指责后者抄袭他们的款式，而后者否认这项指控并对人们低估了他们对时尚的想象能力而感到不快……二者之间的对话停止了。1889年，定制服装设计师这一职业在商业年鉴（Annuaire du Commerce）上仍然列在成衣新品栏目下，符合当今行业规定意义的“高级定制”（Haute couture）还未出现。1910年，“巴黎定制服装行业协会”（Chambre syndicale de la couture parisienne）的成立宣告了定制服装业和成衣业的正式分家，定制服装业从此有了专门的行业协会。这个新的行业协会制定了其成员必须遵守的严格的行业规定，并负责时装发布会的日程安排。定制服装设计师们为了严防抄袭，尽可能晚地发布新品，每年七月发布冬装，一月发布夏装，这也是他们唯一需要担心的问题，因为他们的定制服装业即将迎来发展的黄金年代。

巴黎女人——雅致着装的典范

诚然，是定制服装设计师创造时尚，但令人想不到的是，女士们并不是盲从这样的时尚！如果女士们不乐意，谁也休想左右她们的着装主张……这种不屈的时尚精神就诞生于19世纪，她是一种高傲的仪态、一种对风格的不容置疑的主张、一种我们至今仍在不断寻找秘密配方的灵丹妙药。是的，我们说的就是巴黎女人（La Parisienne），不论她是贵族、资产阶级，还是交际花，不论她是演员、作家、实习裁缝还是商店女销售，甚至拥有外国国籍，只要她在巴黎，把巴黎当作展示她高雅别致的剧场，那么她就是巴黎女人。如果说时尚是部歌剧，定制服装设计师是剧作者，那巴黎女人就是赋予作品独特格调的女演员。她绝不屈从于所谓的流行趋势，她凭着自己的直觉去观察，兼容并蓄，去粕取精，从而创造出兼具个性和普适的风格……《女士和时尚日报》从1797年不是已经开始在每幅时尚版画下加注“巴黎女人的穿着”的标注了吗？因为她们就是时尚与否的权威参照。也许在19世纪上半叶，巴黎女人已经在巴尔扎克的笔下与其他城市的女人划清了界限，而法兰西第二帝国时期的巴黎女人又身着巨型裙撑，以夸张的仪态展示着自己。高级定制为什么会出现在巴黎？因为巴黎女人显然就是高级定制的代言人。龚古尔兄弟也审视着她们，那些大资产阶级的太太们，虽然穿戴简单毫不引人注目，却从不出错，着装跟时段还有场合总是奏出和谐之音。第三共和国时期的巴黎女人凭着她们只可意会不可言传的（Je-ne-sais-quoi）风格，极具诱惑力，人们视她们为时尚符号、尊她们为灵感缪斯，以她们为穿着典范。然而她们又敢于尝试各类风格的服装和服饰，大胆的、夸张的甚至看来不那么得体的，在巴黎女人身上却都散发出如女王和皇后一般的权威气魄，而这些正是随后而来的“美好年代”时期所不具备的。连19世纪末的时尚刊物都开始以“魅力巴黎、时髦巴黎、雅致的巴黎女人、巴黎的巴黎女人”为题，巴黎女人就是所有女性衣着穿戴的参照标杆，是衣着精致考究的原型。

莫泊桑（Maupassant）是这样总结评价巴黎女人的：“她们没有倾国倾城的美貌，有时勉强算得上是清新俏丽，但她们就是有味道，有感觉！”作为19世纪雅致着装的典范，巴黎女人的魅力传说在时尚帝国流传至今，试图去直接揭秘恐怕会天机泄露，那索性就随着书页的徐徐展开，让那些身着各式服装的巴黎女人自由展现、尽情施展，让我们从中去体味、去发现……

政治体制更迭与时尚风格变换

时尚自从中世纪（Moyen Âge）后期兴起，就始终与其所处时代共振齐鸣。历史风云变幻，时尚也被裹挟其中，时而涌上风口浪尖，时而在一旁冷眼静观，尽知历史的心绪。龚古尔兄弟于是大声宣告：“疯狂披上了历史的五颜六色，这就是时尚无疑！”从法国大革命开始，女装的款式在整个19世纪中一刻不停地加速演化。交替变换的政治和社会形势

不论是在龙骧赛马大奖赛的林荫赛道旁，还是在和平大道的定制服装店，这座城市就是巴黎女人展示她们高雅风姿的舞台；《时尚画刊》，1898 年。

如油画底布，充当了服装线条更迭接续的背景。19世纪这一百年以督政府和执政府后的法兰西第一帝国开端，又在具有资产阶级属性的君主制下前行，直到又一场革命将其颠覆，随后短命的法兰西第二共和国又被一场政变推翻，进而踏入法兰西第二帝国，法兰西第二帝国又被法兰西第三共和国横扫出局，至此，百年落幕。在这出大戏中，两位皇帝、三位国王、八位共和国总统你方唱罢我登场，服装的款式也各有千秋。是灵感来自古代连身裙的一场新古典主义革命还是克里诺林裙撑的一统天下？是图尔努尔衬垫发动的政变？还是紧身胸衣的专制统治？是什么都不再重要，因为19世纪的服装和服饰最终走上的是民主的道路。

时尚有代代相传的传统。从女裁缝和女装商人到成衣商和时装设计大师再到今天的服装设计师们，他们一代接着一代，都从这段时尚记忆中汲取创意和设计的养分，在塑造自身风格的同时又将其技艺和对于时尚的诠释进行传承，逐渐形成一笔伟大的遗产。本书以年代为主线，通过主题聚焦的形式集中展现了通常难得一见的时尚版画，这些被辛勤收集的图片经过精心修复，能够得以呈现给大众相当地不易。不论是对时尚从业者、时尚爱好者，还是所有希望能够一睹旧日服装和服饰之精美的读者，本书都堪称为一部汇聚时尚创意的绝佳读物。阅读本书，就如同翻阅在尘封的皮箱里找到的一本家庭影集，会情不自禁地细细回味过往。《时尚文化的启蒙时代：19世纪法国时尚图典》一书图文并茂，字里行间唤醒的不仅是对于服装和服饰的记忆，也是对那一段已逝去的典雅而高贵的生活艺术的记忆。

法国大革命后督政府时期（1795—1799）、执政府时期（1799—1804）和法兰西第一帝国时期（1804—1814）的服装和服饰

一场新古典主义革命

一场新古典主义革命

法国大革命后的督政府（Le Directoire）时期（1795—1799），抱着与旧制度的决裂之心，女装与着装旧俗划清界限，迎来了新时代。女性的身体开始被轻如薄雾的衣装笼罩，她们如一位位仕女、女骑士或是女神，从古代希腊穿越而来。这种对古代的痴迷开始于18世纪上半叶，由于被发掘出的赫库兰尼姆古城（Herculanum）和庞贝古城（Pompéi）几乎完好无损，整个欧洲如同看见了美杜莎的眼睛，惊愕得瞬间石化。当时的发掘工作极大地促进了新古典主义风格的传播，建筑和室内装饰先后受到其影响。传说当时路易十六（Louis XVI）的宫廷御用肖像画师伊丽莎白·维日·勒布菡（Elisabeth Vigée-Lebrun）对新古典主义传入服装和服饰起到了重要作用。1788年，她在住所举办了一次“希腊式晚宴”，所有宾客身着古希腊式裹身长服，成就了一幅会动的群像画作。这顿私人而即兴的晚餐在上流社会引起了共鸣，太太们争先仿效，都在晚间聚会时抛弃了施粉假发和裙撑式连身裙！

度过大革命的混乱时期后，巴黎不惜一切代价也要重拾世界时尚之都的头衔。黄金年青一代已迫不及待地以“时尚之都娇子”自称。麦尔维耶兹[1]（Merveilleuses）们炫耀似的身着简洁白色裹身连衣裙在步行街漫步，或是去剧院看戏，以此效仿古希腊的亚麻连身丘尼长裙佩普洛斯（peplos）。这清透的长裙尽显夸张和大胆，真难以想象就在短短十年前，她们还滑稽地身穿配有褶裥饰边和绉泡饰带的裙撑式法式长裙！这种新式裙装的腰

[1] 麦尔维耶兹（Merveilleuses），也被称为“绝美女人”指自以为很有风度的女性，暗含矫揉造作之意，尤指督政府执政时期的时髦女性。——译者注

线提升至胸部下，不用穿束胸。这实际上是服装对女性身体的第一次解放，比20世纪“疯狂年代”时期（Les Années folles）的那次整整提前了120年！但从另外一个角度看，这款裙装有多新颖独特就有多不合时宜：“漂亮女人和日间仙女们仍旧穿着她们那拖地且透明的长裙在首都泥泞的道路上走来走去。希腊宁静清澈的天空，干净的街道和繁荣的城市啊，才是真正适合穿着雅典式长裙的地方。而在巴黎，尤其是冬天，城市被烟雾笼罩，道路又泥泞不堪，在明智的人看来，穿着这样的裙子只会显得滑稽可笑。每到周日，没有一位小妇人不是右臂上搭着用上等细麻布做的雅典式裙子的垂褶裙裾的，因为这样能够显现一些古希腊范儿，或者至少也能和维纳斯美丽的臀部相当。”

但是令人惊讶的是，这种醉心于古代风格的时尚却站稳了脚跟，并且得到当时执政府（Le Consulat）时期（1799—1804）第一执政拿破仑的首肯，当然，这类服装也与时俱进地做出了一些调整。尽管如此，拿破仑并没有抛弃18世纪独有的奢华，他就好像当代的法王路易十四（Louis XⅥ），极力推行华丽奢侈的着装风格，究其原因，主要有以下两点：一是对考究的服装和服饰的追求有助于经济的健康运转，因为假如太过简朴，那些奢侈品手工艺从业者就会没有了市场；二是拿破仑希望重建一个制度化的精英阶层，其中对于着装有礼制上的要求。因此，在执政府初期，约瑟芬（Joséphine）就开始推行了“博让尔”（Bon genre）的着装风格概念，意为一种“有风度有派头的着装风格”。虽然连身裙的裙型保持了古希腊古罗马风格，但是所有的透明面料和裸露效果被明令禁止。拿破仑鼓励约瑟芬和她的女性朋友更多地使用丝织品和天鹅绒，而不是当时大行其道且价格昂贵的慕思琳薄纱。时尚是为政治企图服务的工具吗？答案

卡博特系带有褶女帽，玛莫拉克式袖窿（Manches à la mameluck）；《女士和时尚日报》，1802年。

是肯定的，而且其程度比以往更甚。拿破仑在1804年称帝，当时法国纺织产业远远落后于英国，他对时尚的导向体现的是一种宣传的意志，为的是增加法国纺织产业的收益，尤其是要促进里昂纺织产业的发展。

法兰西第一帝国时期（1804—1814）的女士们举止都很高雅，举手投足都是贵族范儿！被称为帝政风格连身裙（Robe Empire）的裙装腰线保持在胸部下方不变，不露肩部。只有晚间才可以穿露肩裙装，或是在日间穿方形领口的露肩裙装时内搭一件坎普（Guimpe）无袖胸衣，可以巧妙地遮住裸露的肩颈。帝国连身裙的裙袖呈泡泡型或遮盖上臂，佩戴长手套可以避免露出小臂。另外，还可以很高雅地披上一条开司米山羊绒大披肩，不仅可以搭配整体服装仪态，最重要的是能够保暖！这种大披肩属于高级奢侈品，是上流社会女士进行着装搭配的必备配饰。帝政风格连身裙的裙身修长且垂感良好，不再有麦尔维耶兹式的需要手臂挽起的长裙裾。尽管如此，也有配备了可拆卸的宫廷式长拖尾的连身裙，更具有仪式性。按照社会等级和道德准则，一种新的典雅之风正在形成。拿破仑试图通过考究的服装和服饰来提升帝国的宫廷生活艺术品位，并力求完善整个审美体系。虽然他创立的帝政风格（Style Empire）并没有被装饰艺术各个层面所承认，但在室内装饰和着装风格上，其帝政风格得到了和谐统一。正因为如此，他的皇后约瑟芬一直在努力地让自己的着装与她接待宾客的沙龙主体色彩相协调。实际上，旧制度时期的奢华排场已经死灰复燃，但拿破仑却不想恢复大革命前的穿着方式。他允许督政府时期的服装款式在经过必要的斟酌、审视、修正后进入“博让尔”着装风格范畴里面来，并支持对法国大革命前后的传统服装和服饰进行必要的革新。1795年后，假如有妇女胆敢穿着传统法式裙装在巴黎街头招摇，很可能会被别

晨间花边软帽；
《女士和时尚日报》，1802年。

人嘲笑讥讽，甚至是被投以石块……

在女装经历新古典主义革命的同时，男装也遭遇了深刻的动荡。大革命刚刚开始，在英国古典主义的影响下，男装就斩断了与奢侈的法式着装的一切联系，变得更加朴素。其实自从18世纪70~80年代以来，英国德文郡式（à la Devonshire）的帽子、马尔伯勒式（à la Marlborough）的女士裙装、盲目跟风的崇英发式又或是英式男上装已经见证了芒什海峡[1]另外一岸的时尚风格对法国的影响力，但男装尤其受到其长期浸染和影响。帝国时期重组的上流社会混合了流亡归来的大资产阶级和传统贵族，这些新贵族非常认同英国绅士（Gentry anglaise）那种远离宫廷奢华，在自己领地高雅而舒适的生活艺术，也保留了他们的着装标准：一种本为骑马设计的长上装外套，罗丹格特礼服（Redingote）成为了19世纪经久不衰的男士服装。另外，窄后下摆礼服（Habit à pans）也一直被沿用，考虑到要完美修身（Fitting，法文是bien-aller，这里使用了一个英式男装裁剪的专用术语），其廓型从宽大变成紧身，和上述罗丹格特礼服一样，窄后下摆礼服也是用深色的羊毛呢绒剪裁而成。18世纪末英格兰丹迪主义的鼻祖乔治·布鲁麦尔（George Brummell）主张男士们穿着长裤，而长裤在那时已经广泛地被男童穿着，是他们水手式（à la matelote）套装里的关键服装。长裤在男装的发展中持续发力，在与居罗特过膝短裤[2]（Culotte）的竞争中渐占上风，使后者不得不退居到晚装范畴。

如果说巴黎重新成为女装的时尚之都，那么伦敦则毫无争议地一直占据着男装定制技艺之都的地位。

---

[1] 芒什海峡即英吉利海峡。——译者注

[2] 居罗特过膝短裤（Culotte），也被称为“套裤”，是一种裤管相对较短的男士外裤。——译者注

（上页）左边：带宽大面纱的白色阔边草帽，呢绒斯宾塞女士短上衣；右边：羊毛呢绒罗丹格特礼服。《女士和时尚日报》，1799年。

雷庞迪尔式软帽（Bonnet au repentir），短袖连身裙；《女士和时尚日报》，1799年。

尖角镶边方头巾斜系在白色阔边草帽上，无衬里的长袖篷；以蒙马特大道（Boulevard Montmartre）上的人物为原型绘图；《女士和时尚日报》，1789年。

左上：
提妥斯式（à la Titus）发式，丘尼式短款连身裙，饰有雪尼尔绒线装饰；
《女士和时尚日报》，1798年。

右上：
缎质长袖，橡子状流苏系起的短袖，连身裙前身饰有玫瑰花结，抽绳手包；
《女士和时尚日报》，1798年。

左下：
非须方围巾包裹的简便发式，后背低领连身裙，绑缚式交叉装饰；
《女士和时尚日报》，1798年。

右下：
密涅瓦式（à la Minerve）盔形帽，连身衬衣裙；
《女士和时尚日报》，1799年。

单色柯尔奈特女帽（Cornette），有垂饰；《女士和时尚日报》，1802年。

球形头巾式女帽，交叉式裙腰，绣有其主人名字起首字母图案的赫迪奎尔女士手包；费多剧院（Théâtre Faydeau）出口处写生；《女士和时尚日报》，1799年。

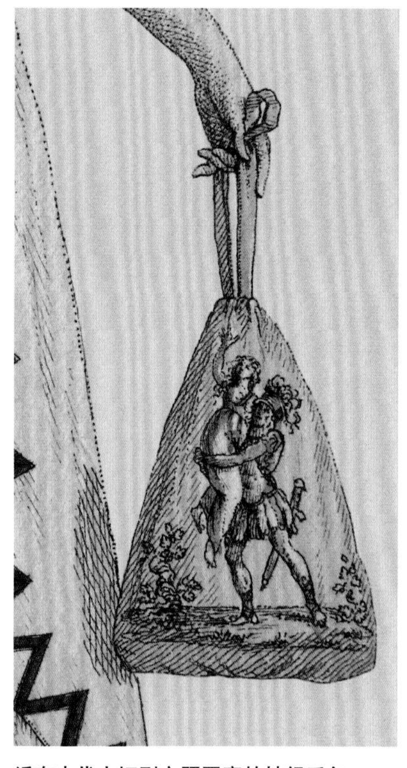

绣有古代小短剧主题图案的抽绳手包；《女士和时尚日报》，1799年。

赫迪奎尔女士手包

18世纪的妇女穿着带裙撑的法式连身裙，把可拆卸的口袋固定在系于腰间的饰带上。她们把装有贴身小物件的盒子装进这个口袋。但是法国大革命后废除了裙撑和施粉假发形制，女士们的服装面料变得既轻盈又透明，衬裙内藏不住口袋了，于是口袋演变为一种抽绳提手包（Sac à ouvrage）。这种包一般作为手包使用，但也可以系在裙腰上，称为巴兰缇垂腰包（Balantine）。因为当时古希腊古罗马风格盛行，这种小包也被取了一个跟风的名字——雷迪奎尔（Réticule），原指罗马妇女用来包住头发的发网。但那时一切是麦尔维耶兹们说了算，她们把雷迪奎尔更名为赫迪奎尔（Ridicule）[1]！这种小包拿在手里逛来逛去，显得有些有失于礼数，但它在很长一段时间

[1] 赫迪奎尔（Ridicule），该词法语原意为滑稽的，可笑的。——译者注

饰有其主人名字起首字母图案的赫迪奎尔女士手包，呈扁形或长方形；《女士和时尚日报》，1799年。

里，一直是女士们不能缺少又不易被发现的一种时尚配饰！

赫迪奎尔手包上经常绣有其主人名字起首字母图案或其他主题图案，有时为了跟上流行的古典风，甚至会出现一些以古代小短剧为主题的图案。通常情况下赫迪奎尔手包是软塌塌的，但也可以更加具有结构感，如篮子形态、钱袋子形态或是扁形和长方形形态。1798~1799年，装饰复杂或是异常简单的赫迪奎尔手包几乎人手一个，广为盛行。在麦尔维耶兹们停止他们的怪诞装束后，赫迪奎尔手包才逐渐式微，演变为吉贝希尔腰包（Gibecière）、篮状包、折叠包和钱夹。从19世纪20年代开始，人们开始用摩洛哥皮（Cuir maroquin）制造这些新类型的包，其形制仍然保持小巧而低调。18世纪50年代时被遗忘在角落的手包，在克里诺林裙撑称霸的70年代重磅回归，以奥莫尼尔腰包（Aumônière）的形式被系在了腰间，而今天我们用的手包则随着女士旅行套装的流行，出现于19世纪80年代。

饰有飞边的钱袋子型赫迪奎尔女士手包；《女士和时尚日报》，1802年。

（上页）左边：女童穿着的丘尼式连身裙；右边：卡拉卡拉式的发式（Cheveux à la Caracalla），被称作巴兰缇垂腰包的抽绳包。《女士和时尚日报》，1798年。

做束发带用的三组金色环链，上等细麻布制成的大披肩，边缘绣有饰带装饰；《女士和时尚日报》，1798年。

头巾式女帽，边缘饰以金线慕思琳薄纱；
以法兰西共和国剧院（Théâtre Français de la République）出口处的人物为原型绘图；
《女士和时尚日报》，1799年。

（下页）褶底天鹅绒女帽，
带蓬边的方形大披肩；
某服装和服饰商店门口处写生；
《女士和时尚日报》，1799年。

豪猪式发型，带斑点的大披肩，系带式女鞋；以卡布西大道（Boulevard des Capucines）上的人物为原型绘图；《女士和时尚日报》，1798年。

希腊式假发，向后延展的颈饰，
短上衣饰有绦带，小方围巾，
挽至腿肚处的连身裙；
《女士和时尚日报》，1797年。

带花边的绉纱室内便服；
《女士和时尚日报》，1799年。

盔型柯尔奈特女帽饰有绸带，伊特鲁里亚刺绣（Broderies étrusques）装饰；意大利花园（Jardin d'Italie）写生；《女士和时尚日报》，1799年。

（上页）用发网挽起的发髻，
裙身背部饰有玫瑰花结；
意大利花园写生；
《女士和时尚日报》，1798年。

一位年轻男士的穿着：
男士礼服和紧身长裤；
《女士和时尚日报》，1799年。

女士晨间着装；
《女士和时尚日报》，1799年。

（下页）卡博特系带有褶女帽，
饰有花朵和麦穗，
斯宾塞女士短上衣；
《女士和时尚日报》，1799年。

（上页）饰有绉纱的英式卡博特女帽，
天鹅绒束发带，交叉式小方巾；
《女士和时尚日报》，1797年。

圆形软帽上挽起希腊式发髻，
女祭司式衬衣裙，薄纱无袖披肩；
《女士和时尚日报》，1797年。

褶底无边软帽；
《女士和时尚日报》，1799年。

女士阔边草帽，米黄色南京布质的斯宾塞女士短上衣；《女士和时尚日报》，1799年。

随意盘绕的头巾式女帽，饰有螺旋形饰带的连身裙，开司米山羊绒大披肩；《女士和时尚日报》，1804年。

开司米山羊绒大披肩

从督政府时期开始，一种由克什米尔地区手工艺者织造的高质量山羊绒大披肩进入了女装配饰范畴。拿破仑一世（Napoléon Ier）从埃及远征归来，为这种大披肩的进口打开了销路，于是大披肩流行了起来。它的写法“Schall”（沙尔）是其印度名称的音译，当时整个社会对东方（L'Orient）的痴迷让其获得了双倍的成功。开司米山羊绒大披肩的独特之处迎合了多种不同的需求，把它披挂上身的那种快感使其替代了女士们的外穿披风。1808年1月31日的《女士和时尚日报》上写道：“刚开始时，开司米山羊绒只是用来制作小方巾，后来变成了大沙尔披肩，然后时髦的女士太太们又想用它做连身裙……”。于是，不仅是连身裙，就连男士外套和男士背心也用开司米山羊绒这种贵重的面料剪裁缝制。太太们披裹着她们最精美的山羊绒大披肩走出剧院，派头十足。它甚至成了家庭财富的象征，作为结婚嫁妆代代相传，最终，带着磨损的岁月痕迹，大披肩变成了钢琴或是餐桌上的装饰，迎来了20世纪的曙光。

饰有珍珠的发式，
开司米山羊绒连身裙；
《女士和时尚日报》，1811年。

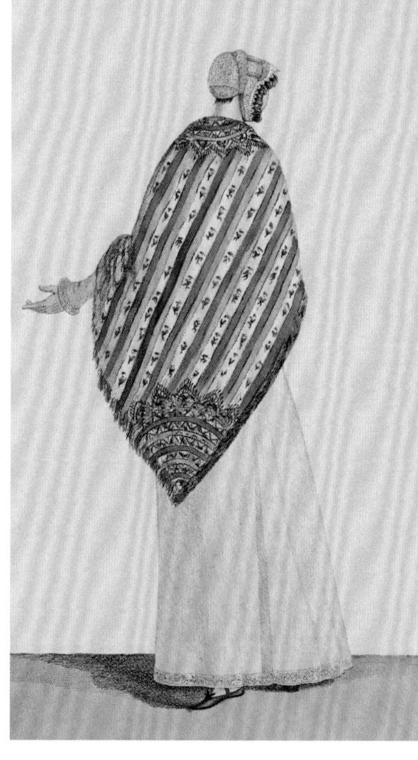

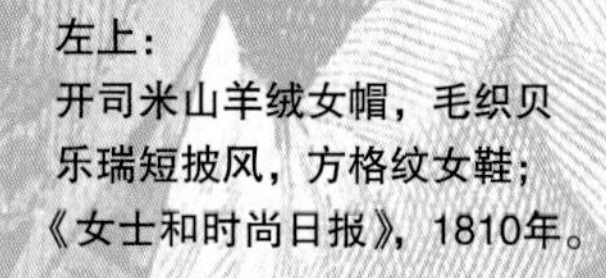

左上：
开司米山羊绒女帽，毛织贝乐瑞短披风，方格纹女鞋；《女士和时尚日报》，1810年。

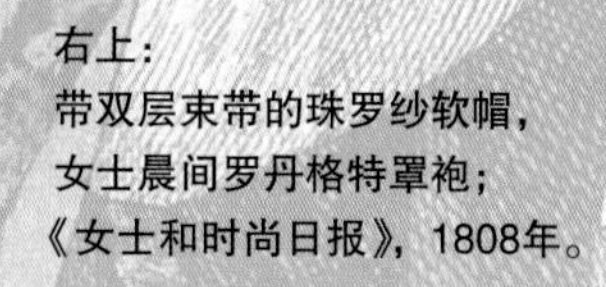

右上：
带双层束带的珠罗纱软帽，女士晨间罗丹格特罩袍；《女士和时尚日报》，1808年。

左下：
盘辫式发式，开司米山羊绒连身裙；《女士和时尚日报》，1812年。

右下：
饰有花朵的珠罗纱软帽，波斯风格大披肩；《女士和时尚日报》，1809年。

“你们还是头顶冠冕型发式，佩戴繁华厚重的首饰，穿着长裙裾的连身裙，系着老式的腰带吗？来看看各种尺寸的开司米山羊绒披肩吧，它能让您在任何场合泰然自若，它可以搭在手臂上，藏而不露，让人浮想联翩……我曾见过女士们跳舞的时候舞动她们的沙尔披肩，以效仿古罗马和古希腊时期女人们的婀娜姿态……”

《女士和时尚日报》，
1808年1月10日。

虽然印度的开司米山羊绒大披肩是最受青睐的，但是西方国家也用其他织物织造有刺绣装饰或是编织图案的披肩。1760~1843年运营的茹伊手工织造工厂（La manufacture de Jouy）就是以其“印度式”彩色面料闻名的，那里织造生产的棕叶纹饰棉织披肩极大地促进了披肩使用的大众化。该工厂的创建者克里斯托弗·菲利普·欧贝坎（Christophe-Philippe Oberkampf）很快就嗅到了印度风格饰品的商业气息，他甚至要求工厂模仿羊绒和其细密线条的织造方法！至此，所有女性才能够以极低的价格披上大披肩，模仿着约瑟芬皇后的风姿。据说，约瑟芬皇后拥有几百条开司米山羊绒大披肩呢。

天鹅绒卡博特系带有褶女帽，披挂式披肩；
《女士和时尚日报》，1807年。

（下页）方格纹绉纱女帽，
开司米山羊绒大披肩；
《女士和时尚日报》，1802年。

船型男士礼帽，加立克大翻领男士大衣（Carrick），轻骑兵式长筒靴；
《女士和时尚日报》，1811年。

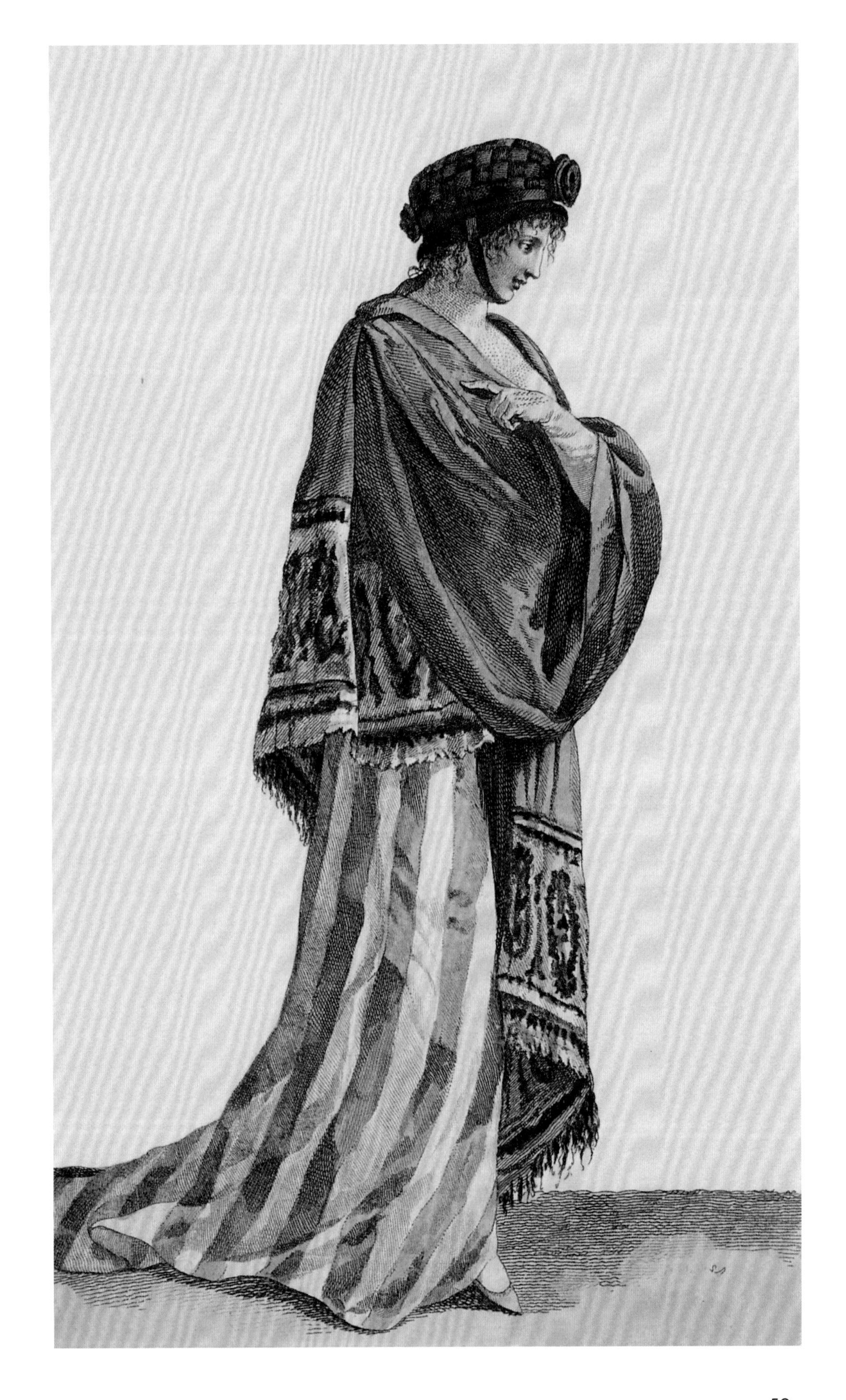

饰有塔夫绸饰带的女帽，非须方围巾（Fichu）系于肩部作为披肩；《女士和时尚日报》，1806年。

宽松式男士罗丹格特礼服，带翻边的长筒靴；《女士和时尚日报》，1806年。

饰有彩绣装饰和流苏的高密织细棉布女帽；《女士和时尚日报》，1806年。

女士阔边草帽，饰有慕思琳薄纱的连身裙；
《女士和时尚日报》，1812年。

高密织细棉质低胸连身裙；
《女士和时尚日报》，1807年。

（上页）女士阔边草帽，
饰有慕思琳薄纱的高密织细棉布连身裙；
《女士和时尚日报》，1812年。

铁灰色呢绒马裤，后跟带马刺的皮鞋；
《女士和时尚日报》，1810年。

左边：水手式男童套装；
右边：饰有花环的褶底女帽，
天鹅绒饰边的斯宾塞女士短上衣。
《女士和时尚日报》，1799年。

水手式男童套装

从旧制度后期开始，儿童服装刮起了“水手风”。这种风格的儿童套装由高腰长裤和配套的上衣组成，长裤和上衣之间以纽扣连接，上衣可以是短袖，也可以是长袖。长期以来，儿童服装几乎丝毫不差地复制成人的服装，唯独长裤例外，要知道法国大革命之前，小男孩们雅致的父亲们可是不穿长裤的！仿效水手服的长裤，从男童服装到精致丹迪男士们的裤装，其社会地位的提升在平民服装中真是罕见！

水手式男童套装参照水手的工作生活环境，通常是蓝色的，但也有使用成人男装的暗色调和中性色调。从会走路开始，水手式男童套装可以一直穿到男孩子懂事的年龄，终于给了孩子们一点儿舒适和自在的机会！从此，男童长裤成了自由的象征，女权主义者和先锋派女性热烈地渴望着能够穿上它！

水手式男童套装，轻骑兵式纽扣；《女士和时尚日报》，1813年。

波兰式无边女帽和罗丹格特女士罩袍；《女士和时尚日报》，1808年。

天鹅绒罗丹格特女士罩袍，
西班牙式袖窿；
《女士和时尚日报》，1806年。

藤编压发梳，舞会连身裙，貂毛饰
边的巴拉汀短披肩（Palatine）；
《女士和时尚日报》，1806年。

天鹅绒卡博特系带有褶女帽，
毛皮饰边的缎质非须方围巾；
《女士和时尚日报》，1806年。

饰有绸带和雏菊的女士阔边草帽，上等细麻布连身裙；《女士和时尚日报》，1808年。

绉纱女帽，弹力针织臂环，
慕思琳薄纱连身裙；
《女士和时尚日报》，1802年。

带绸带的网状头饰，后背交叉式紧身胸衣；《女士和时尚日报》，1810年。

紧身胸衣

显而易见的是，督政府时期麦尔维耶兹们的轻透连身裙是藏不住紧身胸衣的，但这次对女性身体的解放整整比“疯狂年代”时期的女性身体解放运动早了120多年，这样的情况是当时所有女性所希望的吗？约瑟芬·德·博阿尔奈（Joséphine de beauharnais）、特蕾莎·塔丽昂（Thérésa Tallien）和朱丽叶特·雷卡米尔（Juliette Récamier）当然不需要紧身胸衣来修饰她们原本就如希腊大理石雕塑般凹凸有致的身型，可并不是所有女性都拥有这样曼妙的身材啊！从这一点上讲，所有时代都是一样的情况！她们中大部分人认为紧身胸衣可以帮助她们有效地收身，至少能够修饰一下身型不够完美的地方。“什么？现在不流行穿紧身胸衣了吗？那怎么办，为了坚守纤细的身形，必须要坚持穿啊！于是紧身胸衣开始搞地下活动……”一些高雅的女士们甚至毫不犹豫地将紧身胸衣贴身穿于衬衣裙下，不舒服是肯定的，但这也只是暂时的，因为从法兰西第一帝国后期开始，塑造苗条身材所必备的紧身胸衣重见天日，女士们爱美的本性真是难以撼动啊！

饰有大褶皱的无边女帽，
丘尼式舞会连身裙；
《女士和时尚日报》，1803年。

（上页）装饰华丽的头巾式女帽，晨间连身裙；
《女士和时尚日报》，1803年。

花式盘绕的头巾式女帽，前胸有结饰的连身裙；
《女士和时尚日报》，1802年。

饰有珍珠的发式，饰有绉纱的连身裙；
《女士和时尚日报》，1802年。

（下页）饰有天鹅羽毛的女士宽松棉质长外套；
《女士和时尚日报》，1803年。

左上：
提妥斯式发式，配有玛莫拉克式袖窿的丘尼式连身裙；
《女士和时尚日报》，1802年。

左下：
柯尔奈特女帽，高密织细棉质晨间罗丹格特女士罩袍，慕思琳薄纱绣饰；
《女士和时尚日报》，1812年。

右下：
带颌下有褶帽带的柯尔奈特女帽，带金线绣饰的菲须方围巾；
《女士和时尚日报》，1802年。

菲须方围巾包裹的发式，
英式丘尼连身裙；
《女士和时尚日报》，1802年。

半正式的男士套装；
《女士和时尚日报》，1803年。

天鹅绒无边软帽，呢绒罗丹格特女士罩袍；
《女士和时尚日报》，1807年。

塔夫绸内衬的罗丹格特礼服，呢绒长裤；
《女士和时尚日报》，1812年。

尖檐男帽，单层加立克大翻领男士大衣；
《女士和时尚日报》，1810年。

海狸皮女帽，开司米短绒（Casimir）女士阿玛佐纳骑马套装；
《女士和时尚日报》，1803年。

波兰式女帽，英式宽松棉质长外套；
《女士和时尚日报》，1802年。

（下页）高密织细棉质卡博特系带有褶女帽，
层叠式大披肩；
《女士和时尚日报》，1802年。

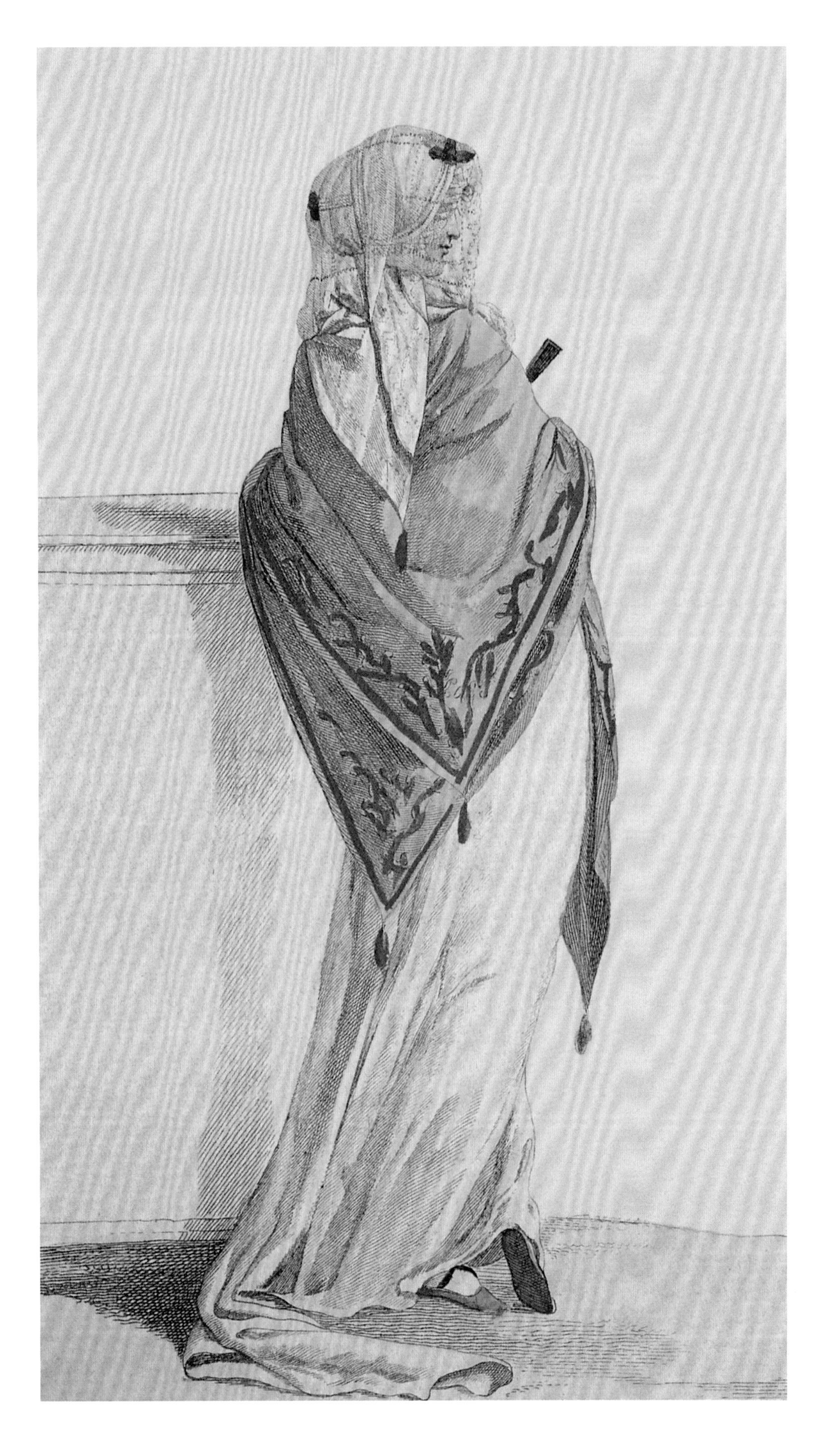

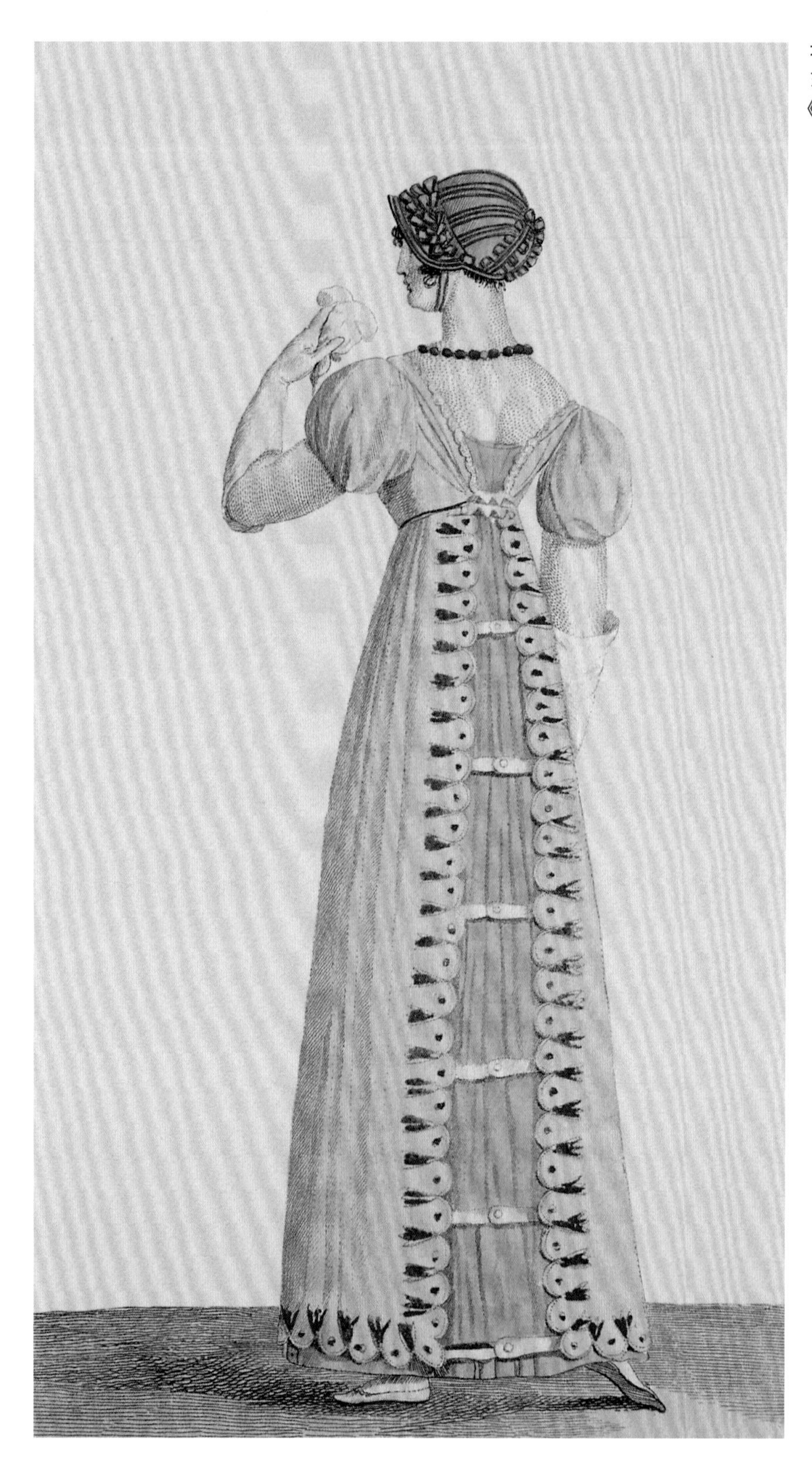

塔夫绸镶边的卡博特系带有褶女帽，地中海东岸风格连身裙，慕思琳薄纱系带罩裙；《女士和时尚日报》，1808年。

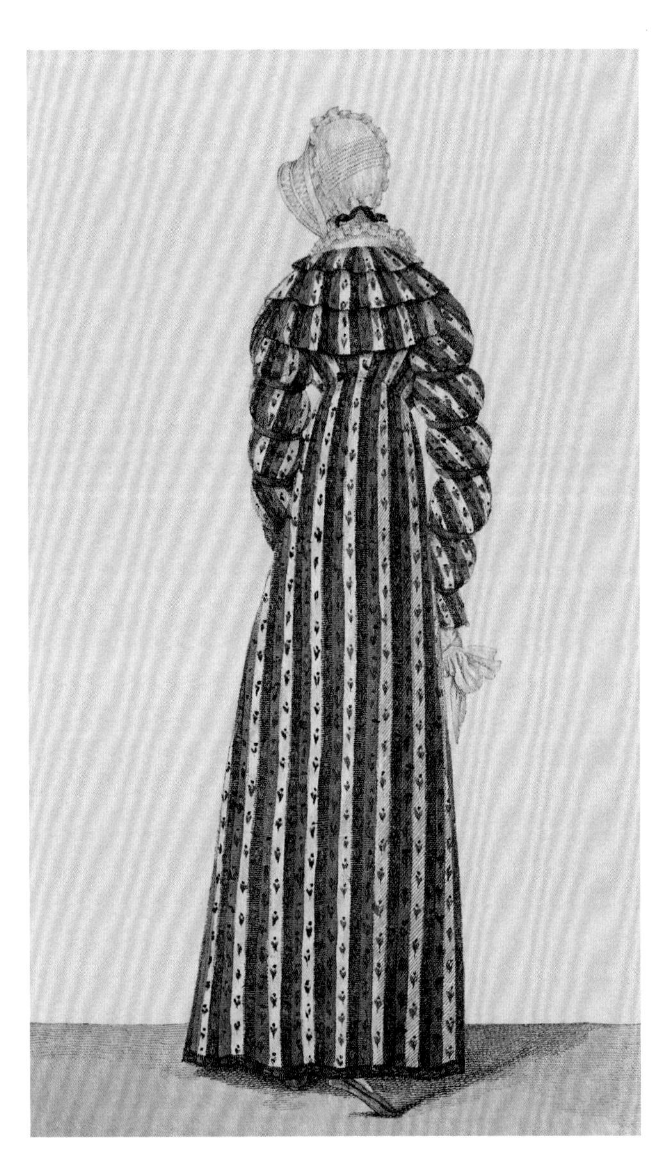

高密织细棉布质卡博特系带有褶女帽，波斯平纹布制连身裙；《女士和时尚日报》，1810年。

花朵冠冕和饰有钻石束发带的发式，宫廷式连身裙；《女士和时尚日报》，1809年。

绉纱绸带软帽，绉纱连身裙，
开司米山羊绒大披肩；
《女士和时尚日报》，1809年。

（下页）精制天鹅绒女帽，
仿开司米山羊绒大披肩；
《女士和时尚日报》，1806年。

年轻女子发式，绉纱连身裙；
《女士和时尚日报》，1806年。

女士舞会连身裙；
《女士和时尚日报》，1805年。

（下页）钻石束发带，花朵冠冕，饰有绉泡装饰和双层蓬边的舞会连身裙；
《女士和时尚日报》，1812年。

饰有花边的儿童式无边帽装饰黑色系带，斯宾塞女士短上衣，白色连身裙内衬粉色衬裙；《女士和时尚日报》，1797年。

绉纱和发辫装饰的复古式发式，斯宾塞女士短上衣；
《女士和时尚日报》，1799年。

斯宾塞女士短上衣

18世纪末、19世纪初，女装时尚版画上出现了各种质地和款式的斯宾塞女士短上衣（Spencer）：有呢绒的、缎质的、南京布质的和天鹅绒的斯宾塞女士短上衣，有阿尔及利亚式的、轻骑兵式的斯宾塞女士短上衣，有用皮草、天鹅绒或是天鹅羽毛镶边的斯宾塞女士短上衣，还有无袖的、带帽的、卡奈祖胸衣式的、配有菲须方围巾的斯宾塞女士短上衣等，这种从男装借鉴而来的服装迅速成了麦尔维耶兹们衣橱中的必备品。如若要追溯其源头，我们需把目光转向英格兰。18世纪末的巴黎时尚圈对英格兰绅士和淑女们的风雅仪态崇拜不已，于是从他们那儿学回来了不少，其中就有暗色呢绒罗丹格特礼服、英式连身裙，还有刚才提到的——斯宾塞短上衣。巴黎的裁缝们很快就按照女装板型对其进行了改良，高雅的女士们欢欣雀跃。滑稽可笑还是优雅俏丽？答案真是一边倒：这种短款的上衣在督政府和执政府时期出奇地流行，其剪裁忠实于它的男装原型板式，保留了前开口的西装领，使用深色和经典面料，与新古典主义风格的白色连身裙形成鲜明对比。但是从法兰西第一帝国时期开始，时尚的嬗变赋予了它不断变换的面貌：有时剔除了它的袖窿，有时又对它加以装饰……渐渐地，它演变成了大胆用色的女士短上装，等到之后裙装腰线重新回落至其本来的位置时，斯宾塞女士短上衣因显得古怪可笑而被女士们弃用。可是母亲们仍然非常喜欢这样的款式，到了懂事年纪的男孩子们，穿上斯宾塞短上衣，就是一位真正的丹迪主义精致男士啦！

天鹅羽毛装饰的缎质斯宾塞女士短上衣；
《女士和时尚日报》，1802年。

金线纱罗薄纱与发辫混编，宫廷式连身裙长拖尾；《女士和时尚日报》，1808年。

（下页）网状菲须方围巾，饰有苏格兰格纹饰带的上等细麻质连身裙；《女士和时尚日报》，1807年。

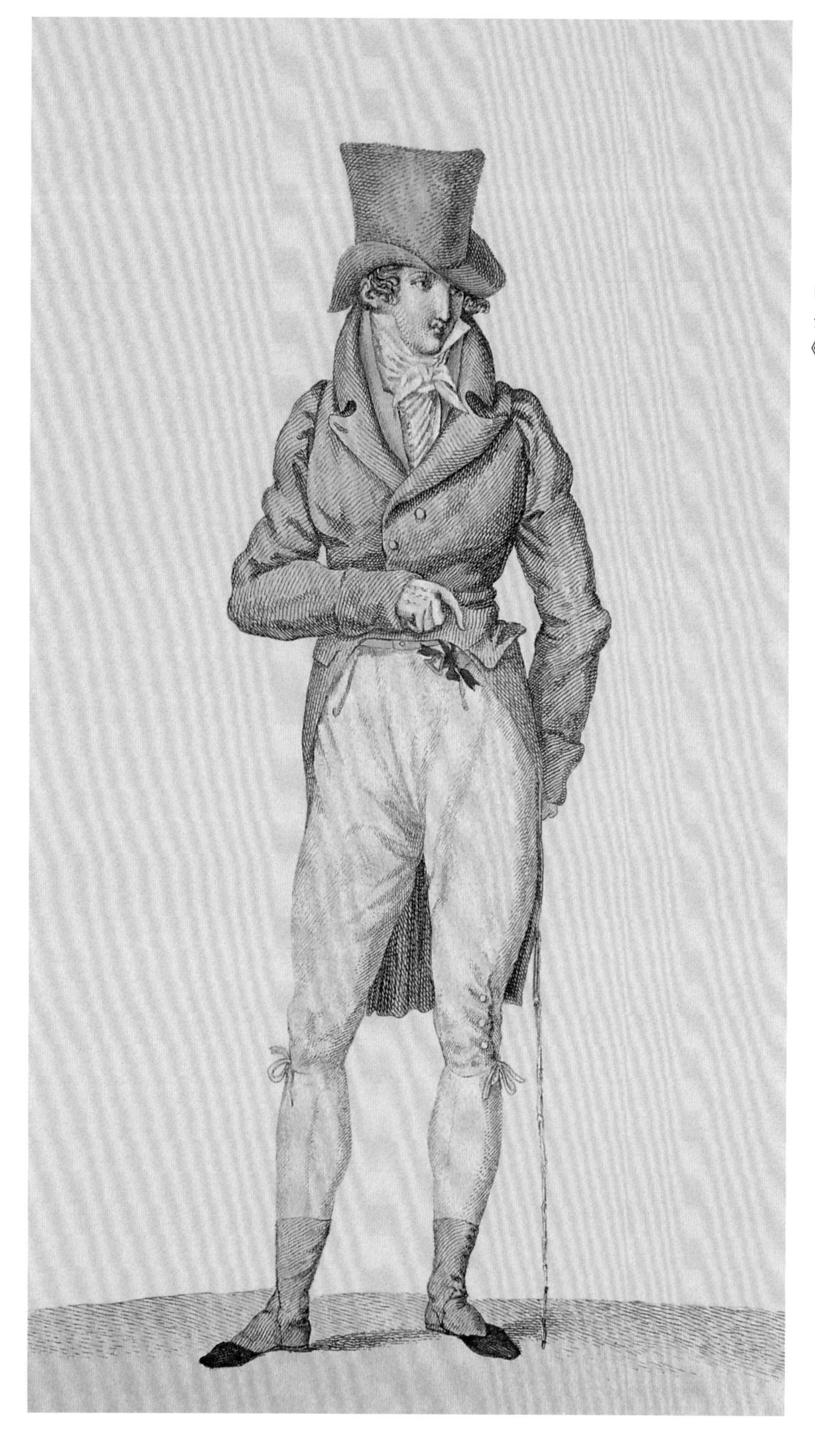

呢绒男士礼服，皮制居罗特过膝短裤，休闲套装；《女士和时尚日报》，1807年。

女士盛装；
《女士和时尚日报》，1806年。

饰有花朵的宫廷式连身裙和披风；
《女士和时尚日报》，1809年。

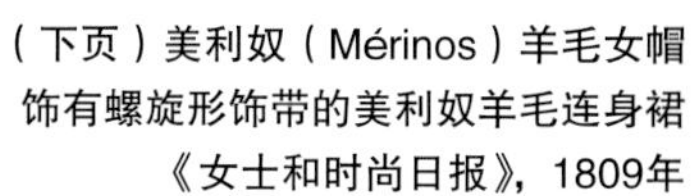
（下页）美利奴（Mérinos）羊毛女帽
饰有螺旋形饰带的美利奴羊毛连身裙
《女士和时尚日报》，1809年

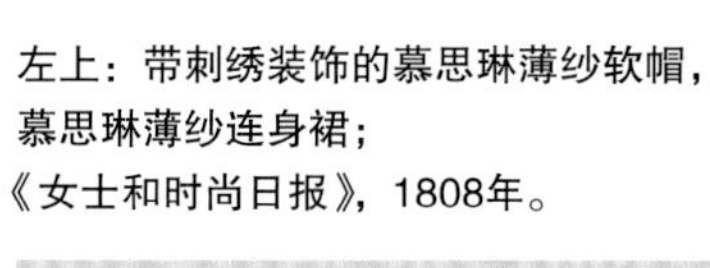
左上：带刺绣装饰的慕思琳薄纱软帽，
慕思琳薄纱连身裙；
《女士和时尚日报》，1808年。

右中：高密织细棉布卡博特系带有褶女帽，
纽扣后开式慕思琳薄纱连身裙；
《女士和时尚日报》，1812年。

左下：白缎无边皮草女帽，饰有薄花边的缎质
菲须方围巾，开司米山羊绒连身裙；
《女士和时尚日报》，1808年。

（下页）缎底阔边草帽，
菲须坎普半袖胸衣（Fichu-guimpe）；
《女士和时尚日报》，1802年。

1. 毛圈天鹅绒无边女帽；
2. 天鹅绒卡博特系带有褶女帽；
3. 开司米山羊绒女帽和无边女帽；
4. 带舌状条饰的天鹅绒无边女帽；
5. 天鹅绒女帽；
6. 柯尔奈特女帽。
《女士和时尚日报》，1808年。

1. 棱纹平布女帽；
2. 缎质卡博特系带有褶女帽；
3. 女士阔边草帽；
4. 天鹅绒女帽；
5. 饰有菲须方围巾的天鹅绒女帽。
《女士和时尚日报》，1813年。

（下页）缎质直筒无边女帽，
天鹅绒盛装连身裙；
《女士和时尚日报》，1814年。

高密织细棉质卡博特系带有褶女帽，
带慕思琳薄纱衬里的披肩式连身裙；
《女士和时尚日报》，1813年。

11~12岁女童的着装：慕思琳薄纱连身裙，
层叠式绉领（Col ruché）；
《女士和时尚日报》，1813年。

复辟王朝时期（1814—1830）的服装和服饰

浪漫主义着装风格的回归

浪漫主义着装风格的回归

D

从法兰西第一帝国后期开始，流行风潮势头减弱，服装开始向低调的资产阶级风格转变，即使是在复辟王朝（La Restauration）时期（1814—1830），服装和服饰对上一政体治下的装饰奢华之风还是表现出回避态度。虽然路易十八（Louis XⅧ）的统治被拿破仑1815年年初的百日王朝短暂地打断，但是其统治下的女装带着矫饰主义的味道，不再自然优雅。第二次王朝复辟后，新古典主义风潮平息，不自然的装饰之风卷土重来。自督政府时期就在女装中占据统治地位的白色终结了其霸主的命运，女装开始向着明快而又多彩的色调转变。服装在剪裁和装饰物上对古代某一时期进行模仿，如宽大或是上浆的弗雷斯皱领（Fraises），能看到内穿服装的克雷维袖衩（Crevés），尚古主义之风大行其道。裙装变短，半身裙边为了回应上装的复杂装饰，或饰以绉泡，或饰以飞边和层叠状饰边，有时上装紧得像穿了紧身束胸一样，整体显得生硬而不自然。难道被紧身胸衣约束的廓型又要卷土重来了吗？事实上，这样的廓型从未完全消失过。就连堪称身型完美的约瑟芬皇后当时也一直穿着短小而没有支撑钢丝的束胸，就像穿着胸罩一样。当她快到五十岁的时候，为了遮掩发福的体态，才不得不在束胸上增置了支撑用的鲸须……结果在19世纪10年代后期，紧身束胸这一显瘦利器强势回归，女孩子们到了懂事的年纪都要开始穿着。一直在胸部以下的腰线则在查理十世（Charles X）登基的1824年降到了其本来的位置。

这是受紧身胸衣约束的廓型回归的预兆。这种紧束的廓型和蓬勃绽放的半身裙重新建立起搭配，完全符合当时人们对美好的18世纪、伟大的17世纪和艺术的16世纪的浪漫怀旧情结……

复辟王朝恢复了沙龙生活，人们在那儿谈论文学、不凡经历和东方之行……虽然女性被排除在了社会、政治和经济生活之外，但是她们主持沙龙，去剧院看戏，去听音乐会和歌剧，仍旧占据着文化生活的中心位置。对历史某段时期着装的痴迷正是源于这种热火朝天的文化生活。戏剧服装从业者被要求按照油画、版画和其他各类作品，帮助人们尽可能地重现旧日服装和服饰。剧院舞台上的服装对人们日常的城市着装影响巨大。裁缝们从容地从那里挖掘灵感，结合当时服装的廓型，从舞台服装上借鉴某种剪裁方式或是装饰细节。贝利公爵夫人（查理十世的儿媳），作为玛丽·安托瓦奈特（Marie-Antoinette）王后和约瑟芬皇后之后名副其实的时尚领袖（Fashion leader），就按照自己对浪漫主义的感悟创新了她的着装。她对16世纪的浓厚兴趣尽人皆知，是玛丽·斯图尔特女王（Marie Stuart）[1]的穿着启发了她，她按照自己的心情，在其中又添加了少许东方元素。

当午夜的钟声响起，年轻的人们跳着维也纳华尔兹，占据了沙龙。舞会上的着装最能彰显人们对历史某段时期着装的浓厚兴趣，要是赶上化装舞会那就更有的看了！1829年3月2日，贝利公爵夫人在杜伊勒里宫（Tuileries）举办的那次玛丽·斯图尔特式的瓜德利尔四队舞（Quadrille de Marie Stuart）化妆舞会，真是整个这一时期迷恋理想化过去的真实写照，令人不能忘却。从那以

---

[1] 玛丽·斯图尔特（Marie Stuart）：玛丽一世，苏格兰女王，1542~1567年统治英格兰。——译者注

后，19世纪的服装开始不断地回顾各个历史时期的特色，兼容并蓄地从封建时代、耀眼的文艺复兴时代（La brillante Renaissance）、奢侈的17世纪和宝贵的18世纪的服装和服饰中借鉴某一种领式、某一种袖窿或是衬裙下摆，在服装上留下了历史的痕迹。

如果说女装被打上了旧日烙印，那19世纪的女性妆容却极具时代特色，女士们对清爽自然的风格情有独钟。身体确实是被层层叠叠的服装所掩盖，但脸庞上却不再浓妆艳抹了。从帝国时期开始，堪称穿着和仪态典范的约瑟芬皇后就开始不施粉黛，突出了其面色的苍白。在浪漫主义思潮的影响下，女性变成了因长期忧郁而渐趋消瘦的生命体，尤其是在化妆品的作用下，肤色显得更加惨白。1829年，赫雷斯·雷松（Horace Raisson）的《妆容规范》（Le Code de la toilette）中对此重点描述如下："白皙和生气勃勃的皮肤才是美丽的。没有天生丽质皮肤的人如果坚持清洁保养可以弥补这一缺陷，至少能够使皮肤延缓衰老。涂脂抹粉的时代已经过去了，佳丽们不必再顶着红脸蛋去参加沙龙了，男士们也要懂得去欣赏清爽而自然白皙的脸庞，这样的脸庞同样可以显得动人美丽。"具有美白功效的鲸油皂、乳液还有其他创新护肤品走俏市场。奥诺雷·德·巴尔扎克短短几句就为我们描绘了一位19世纪佳人的画面："水重塑了女性的健康与活力，还可以借助于护肤品，这能让她们看起来比身穿的慕思琳薄纱裙更白皙，比最清爽的香水更清新……"

另外，男装迎来了丹迪主义时代。奉行丹迪主义的男士们（后文简称丹迪）精心打理自己的穿着和仪态，像女人似的担心暴露哪怕一丁点的陋习。他们的服装一尘不染、一条褶皱都没有，与女性的浪漫主义形象相映成趣。为了展现

饰有鹳羽的阔边女士草帽，薄花边垂帘装饰，那不勒斯横棱绸（Gros de Naples）连身裙，前胸有交织装饰，绉泡袖；《女士和时尚日报》，1821年。

他们杰出的人格和魅力，他们和女士们一样，每天要换好几身服装，放在今天就是人们所说的VIP人物！丹迪们都是含着金汤匙出生的，如果还需要工作养家糊口那就不能算是丹迪，他们的日常可以概括为一些骑马活动，如骑马散步、赛马等，尤其是要在一些上流社会生活的高级场所显示他们的卓绝不同。丹迪们的行头必须经过最精细的保养和维护，如洁白无瑕的衬衫、一尘不染的高筒靴等。但请注意，丹迪们绝对不会让别人觉得自己身着崭新的服装！为此，他们会特意选择和自己身型尺寸相当的仆人，让他们先试穿自己的新装和新鞋，直到它们有了轻微使用过的痕迹。你们别误会了，丹迪们可不是暴发户，只是和管理年金收入相比，他们对服装时尚更感兴趣而已。与罗丹格特礼服和居罗特过膝短裤相比，他们更喜欢窄后下摆礼服和踩脚长裤，后者是受到了军服的影响。另外，据说他们还娴熟地掌握数十种不同样的领饰系法。那与他们的穿着相比，他们会对异性更感兴趣一些吗？当他们步入舞池时，最先吸引他们注意的竟是——女人们的连身裙！丹迪们居然还会穿着束腰，让腰部和叠穿两件马甲的上半身相比显得上半身更雄厚有力，真是一群怪异的人……他们是19世纪里最后的金光，因为从丹迪们之后，男装就只剩象征权力和品德的黑色，而把各种装饰和色彩全部留给了女装。

阔边草帽，高密织细棉质连身裙和长裤；《女士和时尚日报》，1816年。

（下页）绣有慕斯琳薄纱的柯尔奈特女帽，女士晨间连身裙；《女士和时尚日报》，1816年。

珠罗纱连身裙，薄纱绉泡袖和裙边，饰以缎质卷饰；《女士和时尚日报》，1819年。

饰有薄纱绉泡和玫瑰花的发式，珠罗纱连身裙，缎饰和雪尼尔绒线装饰，缎质卡奈祖女士胸衣；《女士和时尚日报》，1819年。

乔孔特发式（Coiffure à la Joconde），
花神式连身裙（Robe à la Flore）；
《女士和时尚日报》，1816年。

绉纱连身裙，饰有缎质带饰；
《女士和时尚日报》，1817年。

（上页）阔边女士草帽，
慕斯琳薄纱连身裙；
《女士和时尚日报》，1816年。

天鹅绒领男士礼服，提花马甲；
《女士和时尚日报》，1816年。

男士骑马外套，翻领提花马甲，麂皮居罗特过膝短裤，英式长筒靴，灰色英式海狸皮帽；《女士小信使》，1827年。

（下页）华尔德先生（M.Walther）工坊制作的男士舞会套装，马奈格里尔先生（M. Maneglier）商店售出的折叠式高顶大礼帽，诺曼丁兄弟（MM.Normandin Frères）美发沙龙的发型；《汇集报》（La Réunion Journal），1827年。

丹迪们的服装与服饰搭配

顾名思义，服装与服饰搭配需要将服装和服饰的各部分适当并和谐地搭配起来。然而有些人虽然拥有高档精致的服装，却因为不懂得搭配而洋相尽出。丹迪们当然不是这样的人，他们绝对不会混淆奢侈、富有和高雅这三个概念。他们每天花好几个小时在着装上，其着装标配如下：一件洁白无瑕的衬衫、一条系法高深的领饰、两件叠穿的马甲、一件罗丹格特礼服搭配居罗特过膝短裤，或更保险地穿上不同花色的长裤，以避免在风格品位上犯任何错误。他们头戴高耸的大礼帽，脚蹬皮靴戴手套，再加上堪称画龙点睛之笔的手杖，没了它就妄称丹迪。几个小时之后，我们的雅致先生已经做好了充分的前期准备，要去巴黎右岸的大林荫道骑马散步了，那里还有一个名字，叫作丹迪乐园……

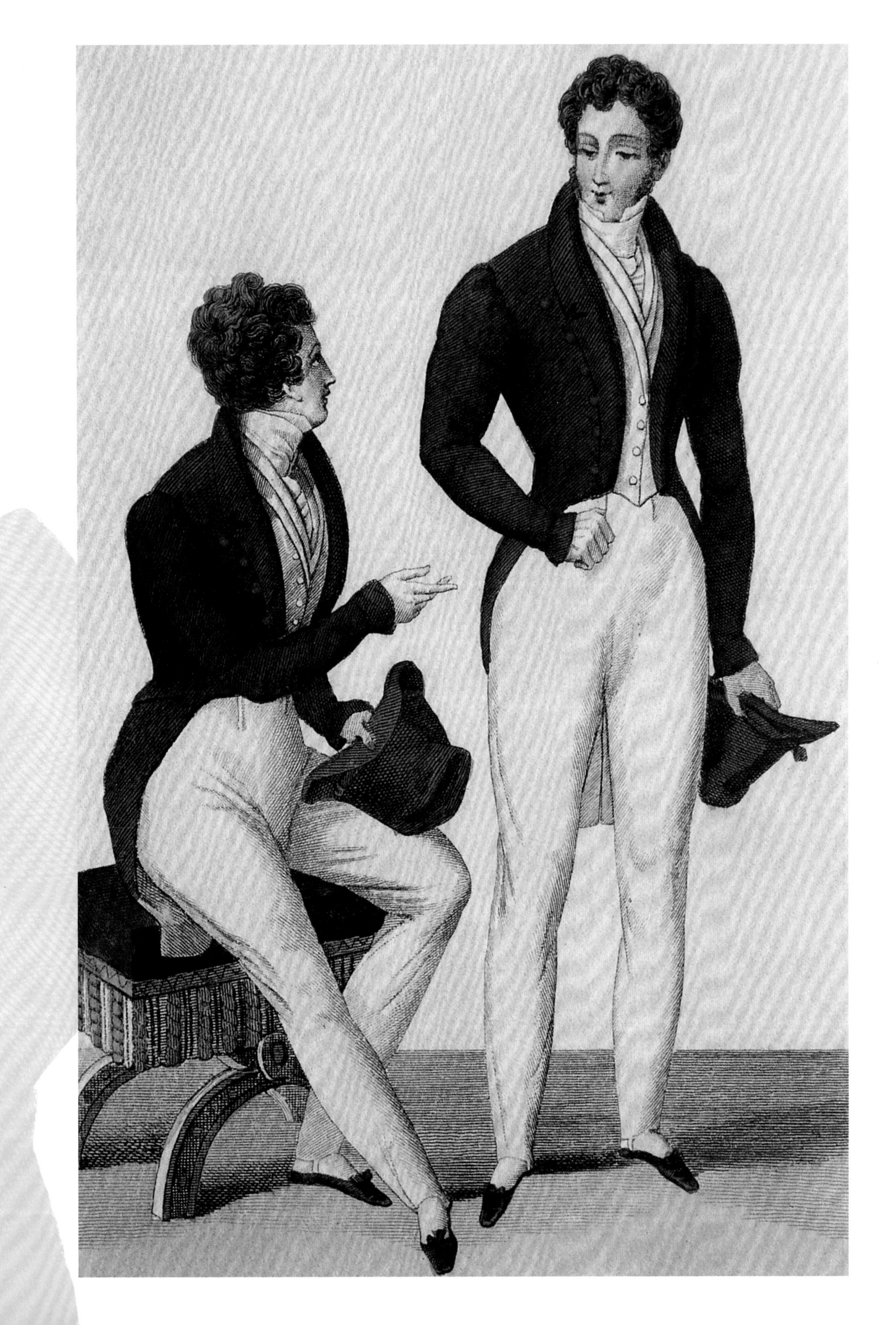

罗丹格特礼服，防雨呢绒，英式哔叽布（Serge anglaise）衬里，有前搭扣的马兰古黑呢长裤（Pantalon marengo）；《女士小信使》，1827年。

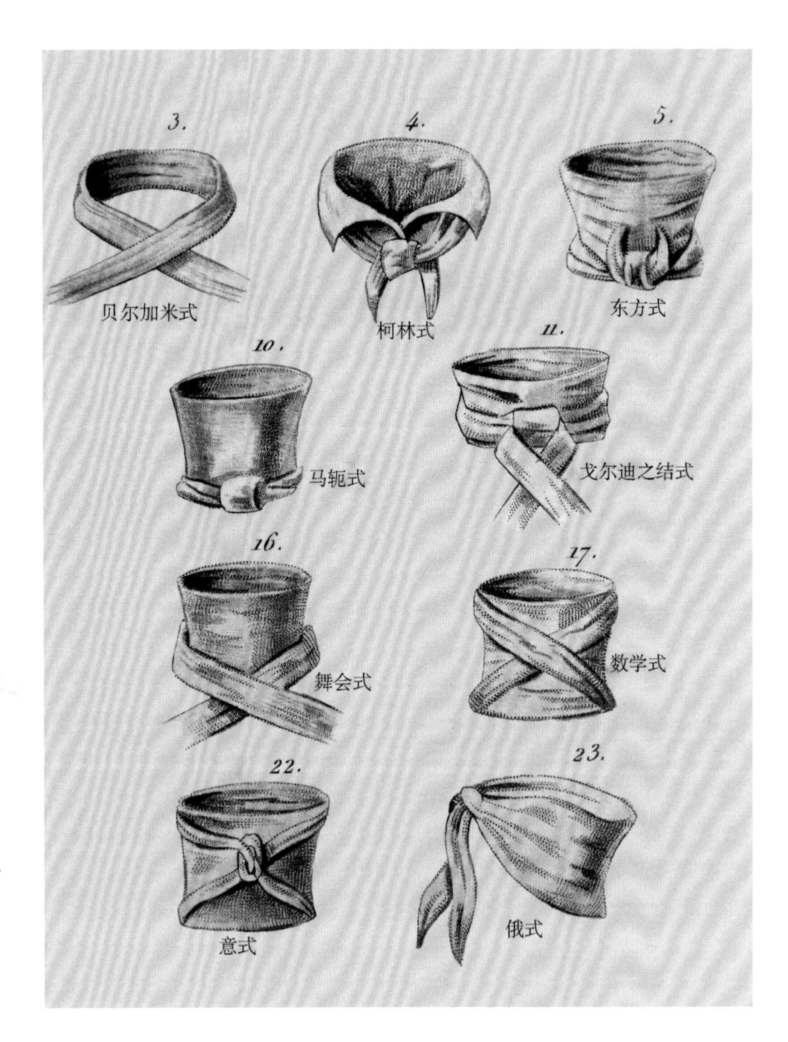

领饰的多种系法；
《服饰搭配大全暨高雅穿着艺术和方法》
（*Manuel complet de la toilette ou l'Art de s'habiller avec élégance et méthode*），
斯托普夫妇（M. et Mme Stop），1828年。

“长裤只不过就是一条更宽大的居罗特过膝短裤，唯一不同的是它长及脚面。穿着长裤非常舒适，尤其适合冬天。它最大的优点之一在于它能够遮掩不完美的腿部，是不具备阿波罗式的美男子身材比例者的福音。而且穿长裤也可搭配长筒靴，还可以不穿长筒袜。我们感到很惊讶，为什么这种穿法没能更早地代替居罗特过膝短裤和系带皮鞋呢？原因是居罗特过膝短裤和系带皮鞋似乎保留了一些当代封建主义社会的气质。”

《服饰搭配大全暨高雅穿着艺术和方法》，
斯托普夫妇，1828年。

男士缝制草帽，罗丹格特礼服，圆翻领，
三排金属纽扣，开司米短绒长裤；
《女士和时尚日报》，1821年。

海狸呢（Castorine）罗丹哥特礼服，呢绒上装，
天鹅绒马甲和提花马甲叠穿，开司米短绒长裤；
《女士和时尚日报》，1824年。

（下页）带立式翻领的罗丹格特礼服，
立领提花马甲，有前搭扣的米黄色
南京布质长裤；
《女士小信使》，1827年。

宽檐灰色毛毡礼帽，米黄色南京布质长裤，灰色护腿套，男士乡间套装；《女士和时尚日报》，1819年。

领饰的多种系法；
《服饰搭配大全暨高雅穿着艺术和方法》，
斯托普夫妇，1828年。

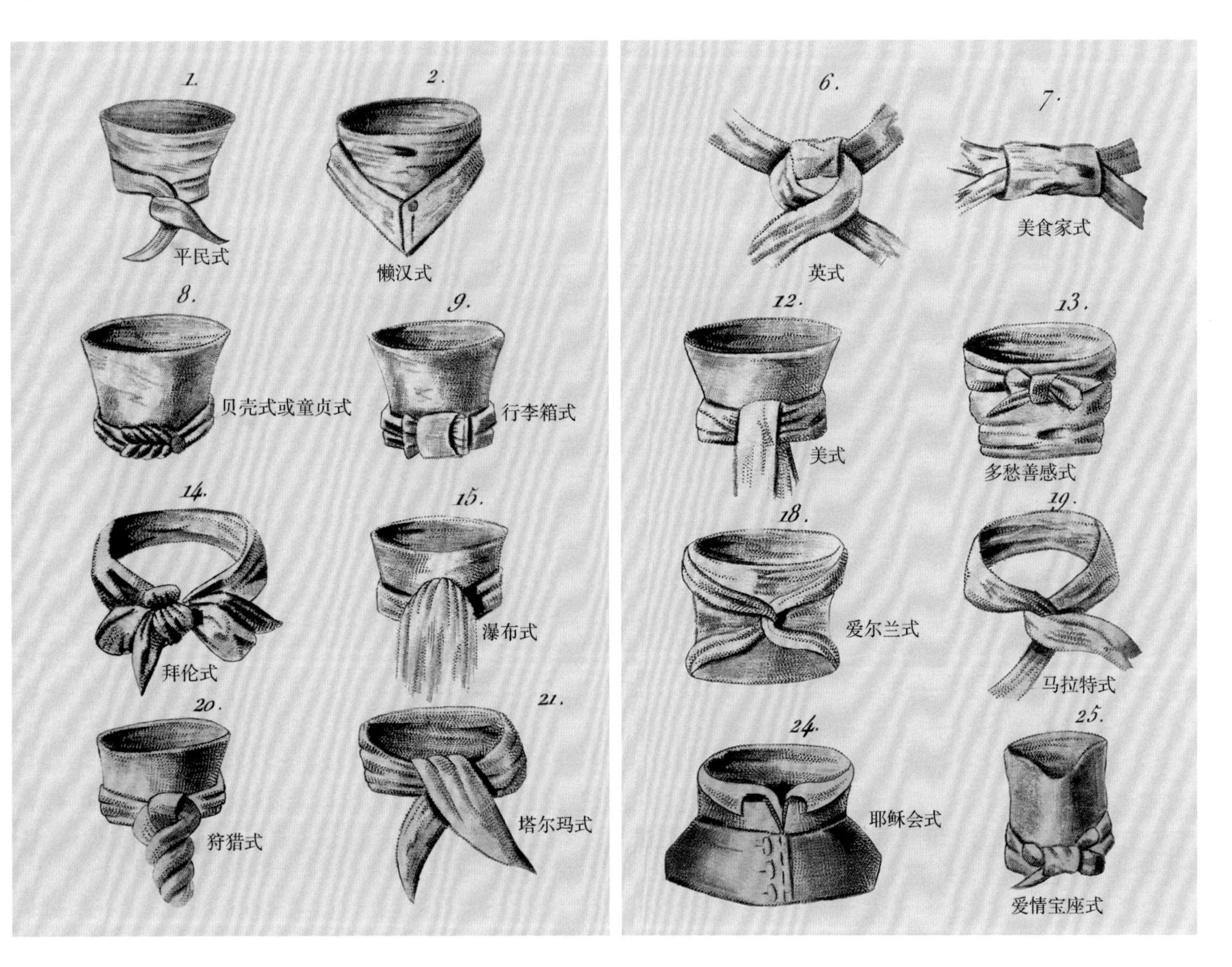

饰有缎带的女士丝绒阔边帽，美利奴羊毛斯宾塞女士短上衣，高密织细棉质连身裙；《女士和时尚日报》，1819年。

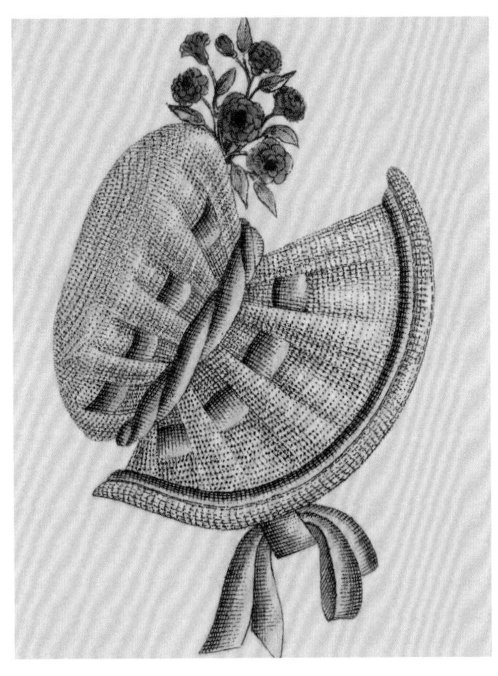

女士阔边草帽；
《女士和时尚日报》，1816年。

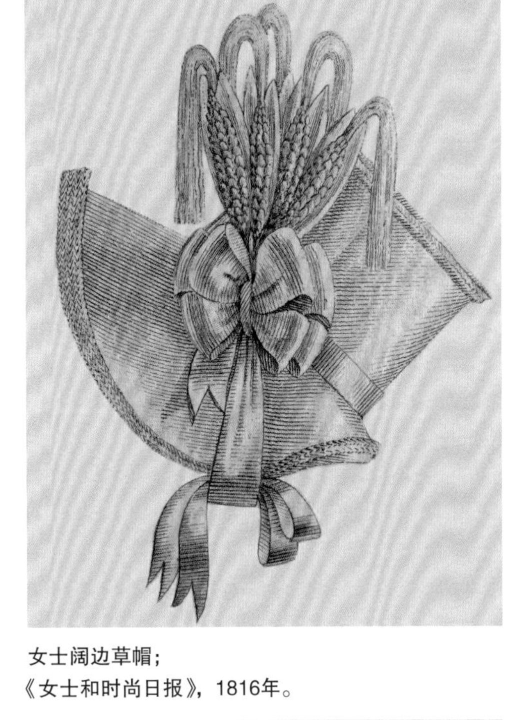

女士阔边草帽；
《女士和时尚日报》，1816年。

1.长毛绒女帽；
2.天鹅绒女帽；
3.缎质女帽；
4.天鹅绒女帽；
5.天鹅绒提花女帽。
《女士和时尚日报》，1820年。

1.天鹅绒女帽；
2.格纹女帽；
3.双系带长毛绒女帽；
4.饰有长毛绒的缎质女帽；
5.饰有金穗边的天鹅绒女帽。
《女士和时尚日报》，1820年。

那不勒斯横棱绸女帽，覆有薄纱，高密织细棉质连身裙，前后带交叉式低领，慕斯琳薄纱饰边和克雷维袖衩；
《女士和时尚日报》，1819年。

阔边草帽，呢绒套装，交叉的丝质围巾；
《女士和时尚日报》，1821年。

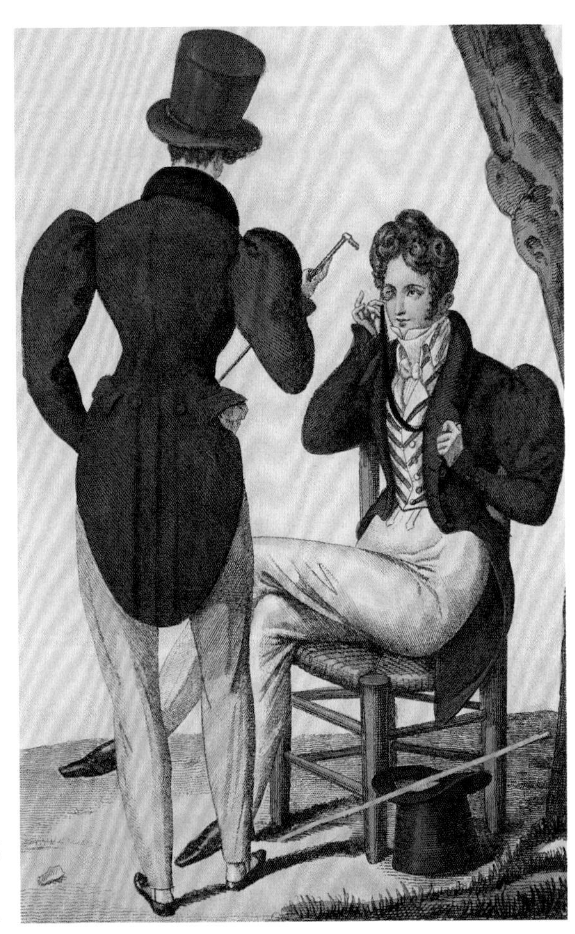

圆后摆礼服，黑色天鹅绒领，
山羊毛玛丽·斯图尔特式
马甲，踩脚式长裤；
《汇集报》，1827年。

阿波罗式结型发式，饰有刺绣的慕斯琳薄纱宽松罩衫裙，高密织细棉质连身裙，珠罗纱装饰；《女士和时尚日报》，1822年。

女士阔边草帽，饰有花边的慕斯琳薄纱连身裙，丝质围巾；《女士和时尚日报》，1819年。

女士阔边草帽，薄纱面纱，带褶饰的高密织细棉质连身裙；《女士和时尚日报》，1819年。

饰有鹳羽的天鹅绒女帽，重磅绉纱的希腊式连身裙，配有束腰带和丝质薄花边肩衬；
《女士和时尚日报》，1820年。

上页）珠罗纱软帽，
珠罗纱卡奈祖女士胸衣，
饰有薄花边的缎质连身裙；
《女士和时尚日报》，1821年。

珠罗纱软帽，缎质卷状装饰，塔夫绸带帽披风，
慕斯琳薄纱连身裙，饰有卷状装饰和飞边；
《女士和时尚日报》，1820年。

卷曲长毛丝绒女帽，饰有鹳羽，带垂饰的斯宾塞女士短上衣，饰有慕斯琳薄纱飞边的高密织细棉质连身裙；《女士和时尚日报》，1820年。

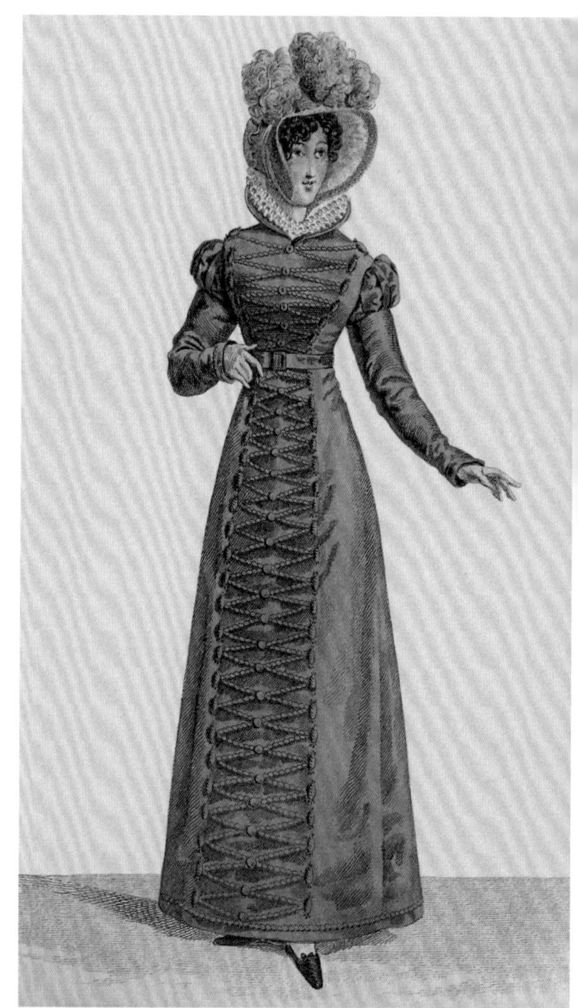

饰有鸵鸟毛的女帽，那不勒斯横棱绸罗丹格特女士罩袍，缎质宽腰带，衣身饰有螺旋形和橄榄形装饰；《女士和时尚日报》，1819年。

束发带式发式，饰有薄纱和熊耳形装饰［纪晓姆先生（M. Guillaume）首创］，珠罗纱连身裙，缎质上身部分，丝质灯笼袖；《女士和时尚日报》，1821年。

饰有薄纱结饰的缎质波纹女帽，
天鹅绒斯宾塞女士短上衣，
高密织细棉质连身裙，饰有慕
斯琳薄纱刺绣和珠罗纱边饰；
《女士和时尚日报》，1821年。

巴雷格山羊丝绒披肩（Echarpe de barège），
观赏戏剧后的披肩包裹式头饰，缎质连身裙；
《女士和时尚日报》，1823年。

缎质斯宾塞女士短上衣，高密织细棉质宽松罩裙，巴雷格山羊丝绒披肩，女士阔边草帽，饰有缎质蝴蝶结和一根鸵鸟羽毛；
《女士和时尚日报》，1823年。

（下页）缎质女帽，饰有薄花边和鲜花，饰有白狐狸毛的缎质皮毛披风，天鹅绒女士便鞋；《女士和时尚日报》，1821年。

卷曲长毛丝绒女帽，带有羽毛边饰，形似紧身胸衣的缎质斯宾塞女士短上衣，高密织细棉质连身裙；《女士和时尚日报》，1820年。

束发带式发式，绉纱连身裙，
上身部分是天鹅绒质地，饰有煤玉珠；
《女士和时尚日报》，1821年。

薄纱、玫瑰花和水仙花搭配的编发头饰
［伊波利特先生（M. Hyppolite）首创］，
缎质连身裙上叠加绉纱层，
缀有绉纱绉泡装饰、玫瑰花和穗状装饰
［伊波利特夫人（Mme. Hyppolite）首创］；
《女士和时尚日报》，1821年。

（上页）呢绒外套，天鹅绒马甲和提花马甲叠穿，
开司米短绒长裤，镂空长袜，饰有天鹅
绒和金色饰绦的呢绒披风；
《女士和时尚日报》，1821年。

长颈鹿发式

1827年夏天，巴黎植物园迎来了一位新住户。这一年，为服装和服饰启迪灵感的，不是王后也不是皇后，而是埃及总督（Le pacha d’Egypte）送给查理十世的一只长颈鹿，名叫扎拉法（Zarafa）。

女士舞会裙装，鲜花和银色穗状装饰的发式，维克多先生（Mr. Victor）美发沙龙首创；《汇集报》，1827年。

“个子真高啊！颜色太奇特了！长相真是太有特点了！围着长颈鹿的人们不断地发出赞叹的声音，脸上写满了好奇和惊讶。……人们站在长颈鹿的脚下注视它奇怪的身形，看着它在好奇的人群前摇来晃去，不由得发出心满意足的感叹：‘原来这就是长颈鹿啊！’这就是巴黎时下最流行的话。……或许再过不久，服装和服饰上也会开始流行长颈鹿元素。”

《女士小信使》，1827年7月15日。

《女士小信使》杂志一早就预言了女装及服饰周边对美丽非洲的热情，在装饰了餐盘、墙纸、鼻烟壶、针线盒之后，长颈鹿很快就出现在折扇和舞会备忘录上，它甚至催生出一种以长颈鹿命名的颜色——长颈鹿淡黄色，几年前可能会被称为“奶咖色”，该杂志的九月刊如是写道：“雅致女士们的首饰盒中从此增添了长颈鹿风格饰针和手镯，它们全都是上乘的样式。但要说最流行最高雅的时尚必备款式，绝对非长颈鹿发式莫属，雅致女士们的冠状高耸的头发上夸张地装饰着花朵和直立的羽毛。是不是让你想起了长颈鹿头上的角？也许吧。不管怎么说，巴黎的发型师们真是想尽了办法，一定要追赶上这股狂热的长颈鹿风潮！”

蝉翼纱（Organdi）连身裙，绸带式腰带；
《女士小信使》，1827年。

（下页）饰有珍珠和金色罂粟的发式，
薄纱连身裙，双层珠罗纱刺绣飞边；
《汇集报》，1827年。

饰有巨嘴鸟羽毛的天鹅绒
连身裙，绉纱女帽饰有绒
子和羽毛；
《女士小信使》，1827年

女士阔边草帽，
蝉翼纱刺绣连身裙；
《女士小信使》，1827年。

左边：儿童着希腊式丘尼罩衫；右边：女士着阔边草帽，高密织细棉质连身裙饰有双层飞边，珠罗纱卡奈祖女士胸衣饰有花边。
《女士小信使》，1827年。

左边：儿童着饰有天鹅羽毛的美利奴羊毛连身裙，白色海狸皮阔边帽；右边：缎质卡博特系带女帽，饰有皮草的开司米山羊绒连身裙。《女士小信使》，1827年。

（上页）中间：勒布朗太太（Magasins de Mme Leblanc）百货商店售出的带环状装饰的珠罗纱软帽，维克多先生美发沙龙的发式，女士罗丹格特晨间便装罩袍；
左边和右边：古约特小姐（Melle Guyot）服装店售出的英式复古罩裙。
《汇集报》，1827年。

披肩式连身裙，勒布朗太太百货商店售出的女士阔边草帽，饰有薄纱绸带和开花的小树，勃艮第先生（Magasins de M. Bourguignon）百货商店售出的土耳其欧达利斯克式手镯（Bracelets à l' odalisque）；《汇集报》，1827年。

（下页）饰有薄花边、蕾丝和金色橄榄型装饰物的
天鹅绒连身裙，无边女帽，饰有鹳羽和金叶；
《女士小信使》，1827年。

饰有薄花边和褶状饰边的缎质连身裙，
饰有羽毛和宝石的发式；
《女士小信使》，1827年。

（上页）化装舞会着装，土耳其多米诺开口长袍（Domino turc），那不勒斯横棱绸，饰有天鹅绒，土耳其头巾式女帽，饰有金珠；《女士小信使》，1827年。

腰线以下打褶的男士大衣，带假袖；《女士小信使》，1827年。

饰有手绘图案和巨嘴鸟羽毛飞边的缎质连身裙；
《女士小信使》，1827年。

巴尔米拉式（Palmyrienne）连身裙，
巴拉汀鹳羽短披肩；
《女士小信使》，1827年。

（下页）珠罗纱连身裙，饰有希腊式花环的发式；
《女士小信使》，1827年。

A.M.

上页）拉罗谢尔·迪维诺太太
Mme Larochelle d' Ivernois）百
货商店售出的柱状双股加捻丝质
Grenadine à colonnes）连身裙，
饰有缎质绸带蝴蝶结的白色绉纱贝
雷型女帽，貂毛长围巾，塔塔尔式
手镯；
汇集报》，1827年。

缎质和金色面料的西西里式贝雷型
女帽，饰有薄花边的王太子妃式连
身裙，科尔顿·维尔特百货商店
Magasins du Cordon Vert）售出的
新式带棕榈叶饰的绸腰带；
《汇集报》，1827年。

那不勒斯横棱绸罗丹格特女士罩袍，
有缎饰，带丝质黑色齿形边饰的绉纱软帽；
《女士小信使》，1827年。

系有羽毛的阔边女士草帽，
饰有丝线绣的波纹连身裙；
《女士小信使》，1827年。

科特帕里斯丝毛连身裙（Robe de cotepalis），
饰有薄花边和冠羽的阔边女士草帽；
《女士小信使》，1827年。

饰有绸带的天鹅绒女帽，有绣饰的开司米山
羊绒外套，波纹衬里，饰有片状领和垂袖；
《女士小信使》，1827年。

饰有梅里先生（M. Mailly）制作的宝石和羽毛的宫廷式发式，天鹅绒连身裙，饰有珠罗纱的芒迪尔肩袖（à mantilles）；《汇集报》，1827年。

（下页）女骑士式连身裙，饰有慕斯琳薄纱齿形飞边和开司米山羊绒饰，中国式围巾，饰有羽毛的阔边女士草帽；《汇集报》，1827年。

A. M.

A.M.

上页）薄纱连身裙，艾玛波尔·诺曼丁先生
Mr. Amable Normandin）美发沙龙的发式，饰
有勃艮第先生百货商店售出的鹤羽和珠饰雏菊；
汇集报》，1827年。

女士音乐会着装，马里顿先生（Mr. Mariton）首创的饰有薄纱的冠状发式，露西小姐Melle Lucie）工坊出品的那不勒斯横棱绸连身裙，饰有带薄花边的丝质齿状装饰；《汇集报》，1827年。

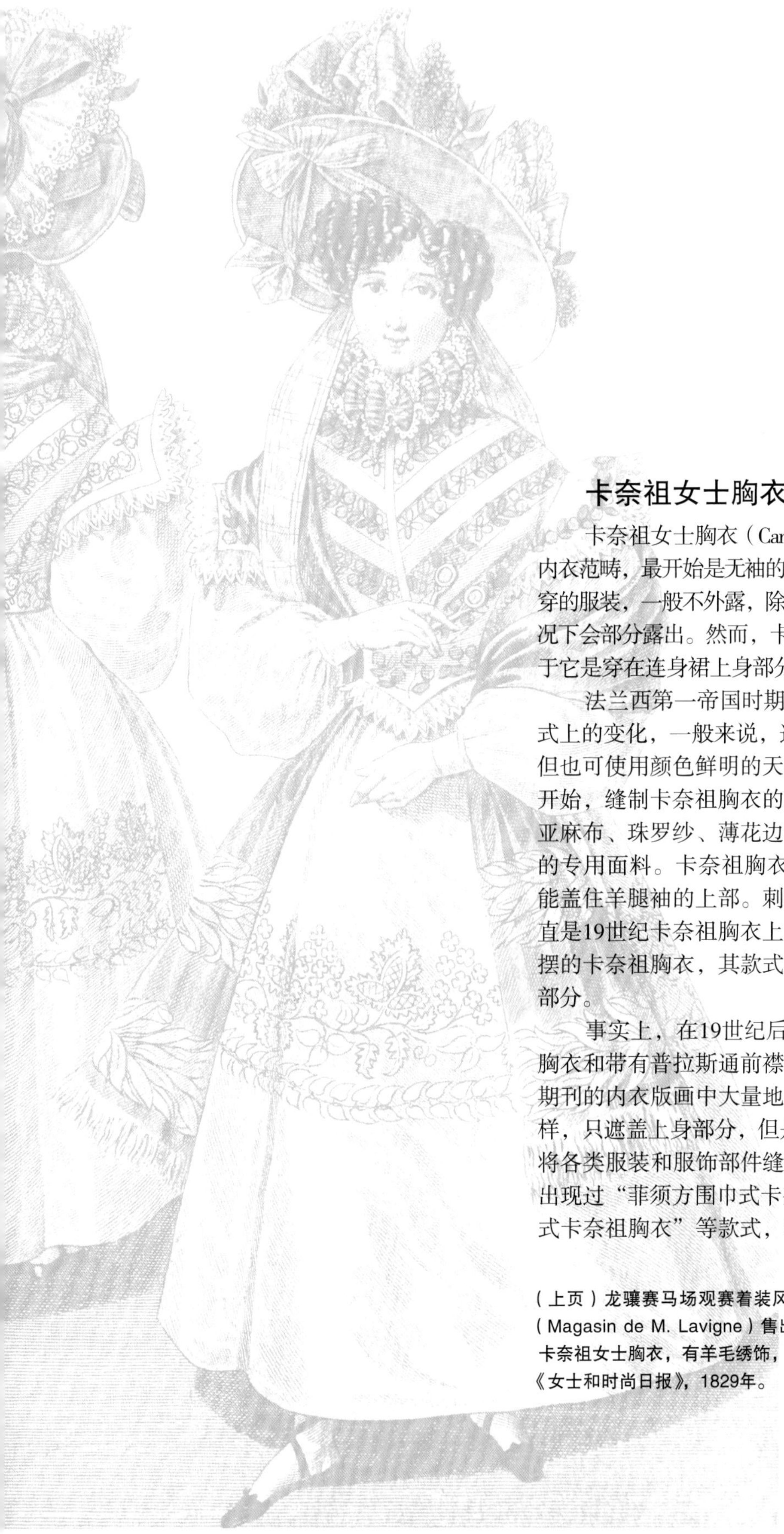

卡奈祖女士胸衣

卡奈祖女士胸衣（Canezou）是女士胸衣的一种，属于内衣范畴，最开始是无袖的。女士衬裙和女士胸衣都属于内穿的服装，一般不外露，除非是在上身部分露肩或低胸的情况下会部分露出。然而，卡奈祖女士胸衣的不同之处就在于它是穿在连身裙上身部分之外的，下摆别在腰带下。

法兰西第一帝国时期，卡奈祖胸衣就出现了一些样式上的变化，一般来说，这种胸衣使用轻盈的白色面料，但也可使用颜色鲜明的天鹅绒或是塔夫绸。从复辟王朝开始，缝制卡奈祖胸衣的主要面料有：慕斯琳薄纱、细亚麻布、珠罗纱、薄花边和蝉翼纱，这些都是缝制内衣的专用面料。卡奈祖胸衣在肩部饰有宽大的圆形飞边，能盖住羊腿袖的上部。刺绣、褶裥、绉泡和精细花边一直是19世纪卡奈祖胸衣上的装饰手法，也有带袖窿和下摆的卡奈祖胸衣，其款式总体趋向遮盖更大面积的上身部分。

事实上，在19世纪后50年中，很难区分卡奈祖女士胸衣和带有普拉斯通前襟装饰的女士胸衣，后者在时尚期刊的内衣版画中大量地出现，它和卡奈祖女士胸衣一样，只遮盖上身部分，但是袖窿却是可以拆卸的。当年，将各类服装和服饰部件缝制在一起的风潮正劲，还曾经出现过“菲须方围巾式卡奈祖胸衣”和“贝乐瑞短披风式卡奈祖胸衣”等款式，考究和精细程度达到了极致。

（上页）龙骧赛马场观赛着装风格：拉维涅先生百货商店（Magasin de M. Lavigne）售出的蝉翼纱连身裙，珠罗纱卡奈祖女士胸衣，有羊毛绣饰，带花边，绉纱女帽；《女士和时尚日报》，1829年。

左边：美利奴羊毛披风，薄纱头巾式女帽；
右边：带衬里和印花的美利奴羊毛披风，用土耳其士麦那的面料（étoffe de Smyrne）缝制的连身裙，薄纱头巾式女帽。
维克多·普莱斯尔先生（M. Victor-Plaisir）造型；
《女士和时尚日报》，1829年。

七月王朝时期（1830—1848）的服装和服饰

服装和服饰的资产阶级化

服装和服饰的资产阶级化

七月王朝（La Monarchie de Juillet）时期（1830—1848）始于1830年法国七月革命，由查理十世的外甥路易·菲利普一世（Louis-Philippe Ier）任国王。路易·菲利普一世和他的王后玛丽·艾美丽（Marie-Amélie）都是英国绅士生活风格和艺术的拥趸，把新王朝的正统性建立在道德、自尊和自由主义的基础上。主基调就这样定下了，上流社会开始重视在其府宅内的宁静与私生活，希望秉承资产阶级的价值观，趁着这段平稳时期开展商业活动。在艺术和文化领域，浪漫主义在19世纪30年代达到了鼎盛时期，同时可以形容文学作品和连身裙与发式的行吟诗人风格（Style troubadour）从此在东方主义的盛行下逐渐式微，行吟诗人风格曾被中世纪历史主义者们滥用，如“中世纪风格的发型或袖窿”等称谓。这时的沙龙和剧院里，尽是头戴华丽开司米山羊绒头巾式女帽的高雅女士。然而在追求新鲜时髦的人群中，情感外露的抒情浪漫风格早已过时了。如果说直到19世纪30年代中期还存在些许服装和服饰上的夸张和怪诞，那么到了40年代整个画风陡变，热情平息，符合资产阶级心境的柔和之风开始吹遍每个角落。

1830年初，随着逐渐增大的半身裙裙围，袖窿也被波及了。1833年的《巴黎时尚年鉴》（L' Almanach de la mode de Paris）反映了这一势态：“我们看见被称为羊腿袖的巨大袖窿还在扩张领地，它们甚至还在增大它们的宽大结构……服装在膨胀，她夸大一切，一点儿也不顾及未来”……事实上，这种夸大的着装也从来没有考虑过会被频繁地绘于讽刺画中！这还只是故事的开头部分，夸大膨胀吹足了气的风潮一直伴随19世纪的服装和服饰……《巴黎时尚年鉴》继续写道：“幸好连身裙的腰线没变，这一点多么值得赞颂啊，因为这样的腰线优美而又自然；真希望腰线永远在那儿，别变化。”女装廓型因此满载着对历史服装的大量借鉴，在体量上不断增加，续写着上一个十年。

从19世纪40年代开始，半身裙停止了裙围膨胀的脚步，开始遮及脚踝。按照资产阶级的审美，裙装很自然地采用了被认为更得体的深沉、中性和朴素的色调。袖窿不再被夸张膨大，而柔和的趋势非但不遭到反对，甚至对回顾历史服装给予鼓励。从这时起，当服装被旧时风格甜蜜拥吻的时候，那肯定是在效仿美好的18世纪而不是其他更近一些的时期，因为这些时期的风格是令人不屑的。蓬巴杜风格（Style Pompadour）的服装和服饰在当时是时尚必备品，如多层花边装饰的袖口、穿紧身胸衣的上装和华托式（Watteau）裙褶……1847年5月10日的《时尚导报》（Le Moniteur de la mode）给女性读者们吃了定心丸："让我们回归到旧日风尚里去吧！那里没有一点儿弊病，只要别让我们看到帝国和王朝复辟时期怪异和低能审美就行！"1849年3月25日的《时尚报》（*La Mode*）在这点上走得更远："如若我们任服装和服饰肆意妄为的话，我们就可能被拽回到帝国时期。那时的皇后式连身裙（Robes à l' Impératrice）就会粗俗地禁锢我们美丽公爵夫人们的曼妙身体，还有约瑟芬式的压发梳（Peignes à la Joséphine）就会吝啬地卡住她们丝一般光滑的美丽秀发……唯有'时尚大帝'最诚恳的大臣——正确的审美观，才敢于对'时尚大帝'进言，若想让旧日时尚重获新生，必须追溯至路易十五和路易十六（Louis XVI）的时代；冯唐式宽大连身裙（Robes Fontanges）、华托式还有玛丽·安托瓦奈特式连身裙才是精美雅致一千倍不止的考究裙装。因此我们将在春天看到更多的路易十五风格的连身裙，印度巴雷格山羊丝绒、丝质薄纱和慕思琳薄纱精心缝制的裙装将会重现旧日特里亚农宫（Trianon）和凡尔赛宫（Versailles）盛大节庆的辉煌。"18世纪无可争议地成为随后的一百年中艺术家们撷取灵感的黄金时代："那个世纪的愉悦和享乐给予品位、习俗和受其影响而创作的作品一种独有的魅力。"龚古尔兄弟如是说。19世纪的裁缝们通过借用和效仿的手段，

（下页）左边：呢绒男士上装，饰有勃兰登堡肋型胸饰（Brandebourgs）的罗丹格特礼服，卷毛羔皮翻领和上翻的袖口，海狸皮制男帽；右边：缎质罗丹格特女士罩袍，毛皮手笼和长围巾，天鹅绒女帽。《家神·沙龙信使》（Le Follet-Courrier des salons），1832年。

试图尽力找回的正是这种魅力的精髓。

19世纪女装廓型的优雅令人称道，但是变化极快，潮流易逝，后浪推着前浪……像极了润滑得很好的齿轮传动系统。让·科克托（Jean Cocteau）[1]描述其为一个“永动的波形机械结构”，某段时间内的一种廓型如振荡波一般，在下次振荡到来之前持续变化整合，直至新一轮的振荡被触发，形成新的廓型。在这场打破所有定式的运动变化中，诗人无不惋惜地表示，那些所谓拥有大智慧的人只会嘲笑以前的服装款式，而没能够“跳出固有的圈子”对其进行仔细的审视。所以在评判某一时期风格的美学和魅力时，也许应该与其拉开一些距离，尤其是涉及19世纪的情况更应如此。

另外，男装仍然在雅致的道路上前行，但很快，资产阶级奉行经典主义且朴实无华的服装和服饰便在与丹迪主义着装的较量中占据了上风，围绕后者的光晕逐渐褪去。男装难道是“艺术家们永恒的绝望之地”吗？即便是出自伦敦西区（West End de Londres）技艺高超的男装定制裁缝之手，服装也还是把男士们局限在了既无想象力又缺乏风格的圈子里。1833年的《巴黎时尚年鉴》中动情地写道：“与女装相比，男装总是缺少变化。传统和习俗留传给我们的国民服装，除了在不同时期不得不采用的些许轻微变化以外，接受起新样式和男装裁缝们尝试的创新性试验来困难重重。艺术在此无力以对习俗的势力，只能原地打转，被粉碎而破灭。……就算有时勉强能做到雅致考究，也总是要符合社会习俗的。衣领是什么样的变化？腰部是收紧点还是放松点？……这都没有关系，因为不管怎样最后都是一身粗俗甚至怪诞的上装，紧裹着、束缚着男士们，破坏了他们自然身型比例的和谐。再配上一条像水手那样裤脚肥大的裤子，让双腿被包裹于其中完全看不出来，或是再戴上一顶土气又遮挡面庞的圆帽。唉，这身行头就是所谓的艺术家们永恒的绝望之地了。”至此，女装廓型的不断变化和男装款式的不懈坚守形成了强烈的对比，这种反差过早地到达了顶点。

[1] 让·科克托（Jean Cocteau），法国诗人、作家，生于1889年。——译者注

饰有羽毛簇的卡博特系带有褶女帽，波纹和天鹅绒罗丹格特女士罩袍；
《家神·沙龙信使》，1832年。

绉纱女帽，罗丹格特女士罩袍；
《家神·沙龙信使》，1832年。

（下页）龙骧赛马场观赛着装风格
呢绒阿玛佐纳女士骑马装，饰有勃兰
登堡肋型胸饰和腰部流苏
路易·玛丽·兰德（Louis-Marie
Lanté）绘
《时尚报》，1836年

左边：天鹅绒男士狩猎上装，皮质长裤和护腿套；
右边：模仿中世纪时期风格的男士狩猎套装。
《女士小信使》，1833年。

上页）龙骧赛马场观赛着装风格：英式男装；
家神·沙龙信使》，1833年。

珠罗纱软帽和卡奈祖女士胸衣，
那不勒斯横棱绸半身裙；
《家神·沙龙信使》，1833年。

左边：饰有天鹅羽毛的缎质儿童皮毛披风式外套，波纹卡博特系带有褶女帽，饰有轮峰菊、波纹；右边：罗丹格特女士罩袍，饰有貂毛。《家神·沙龙信使》，1832年。

左边：女童穿着带刺绣装饰的细亚麻布质连身裙和长裤；右边：丝质卡博特系带有褶女帽，罗缎质罗丹格特女士罩袍，马卡龙型绦带装饰。路易·玛丽·兰德绘；《时尚报》，1836年。

（下页）左边：饰有绸带的发式，绉纱连身裙；右边：儿童穿着带刺绣装饰的慕斯琳薄纱连身裙。路易·玛丽·兰德绘；《时尚报》，1834年。

Narjeot Sculp.
Lanté Del.

饰有刺绣和金线织的薄纱头巾式女帽，缎质连身裙，慕思琳薄纱围巾；
路易·玛丽·兰德绘；
《时尚报》，1834年。

头巾式女帽和东方风潮

曾流行于18世纪末19世纪初的头巾式女帽，在19世纪20年代末和之后的10年时间里，随着服装服饰领域兴起的“东方热”，重新燃起了大众的兴趣。头巾式女帽的戴法是将固定在软帽底上的头巾围绕着头部进行包裹盘绕，样式花哨各不相同。翻一翻那时的时尚刊物，各式各样的头巾式女帽名称足以让人身未动心已远：阿尔及利亚式头巾式女帽、金字塔式头巾式女帽、金珠装饰的土耳其式头巾式女帽、希腊式头巾式女帽、饰有冠羽的天鹅绒头巾式女帽、金线绣制的薄纱头巾式女帽、饰有天堂鸟羽毛的开司米山羊绒头巾式女帽、珠光色薄纱头巾式女帽、拜占庭式缎质头巾式女帽等。

艺术家们和上流社会的年轻人们，不再满足于过去旅行只能去的意大利和希腊，他们把目的地扩大到了土耳其、黎巴嫩还有埃及这样更遥远的国家，带着浪漫主义的心境，去那里开启他们“伟大的旅行”，学习遥远文明的艺术。归来时，他们的旅行笔记里绘满了沿途风物，记满了所见所闻所感，激起人们对这些神秘国度的幻想与热情。

戴上头巾式女帽的雅致女士们像是“一千零一夜”故事中的女王，她们出入沙龙和剧院，参加各种舞会，身着跨越地域的服装，于梦幻和现实之间，模糊了与城市着装的界限。在这里，服装和服饰承载的是人们的浪漫心绪。

薄纱头巾式女帽，饰有
绸带的缎质连身裙；
《家神·沙龙信使》，1833年。

（上页）嵌花薄纱头巾式女帽，蓬巴杜风格面料的连身裙；《家神·沙龙信使》，1833年。

然而，随着1840年后浪漫主义风潮的逐渐平息，头巾式女帽也从女士们的衣橱中消失了，她们帽饰也随之变得稍逊灵动，围住脸庞的带檐卡博特系带有褶女帽和更为朴素的女式软帽一起，成了当时流行的款式。

但头巾式女帽并没有就此魅力尽失，它只是被暂存回了"阿里巴巴的藏宝库"（Caverne d' Ali Baba）。1910年前后，保罗·普瓦列特来到伦敦，对南肯辛顿博物馆（South Kensington Museum）[1]中一组印度展品中的头巾式女帽产生了浓厚的兴趣。没过多久，头巾式女帽重新在巴黎流行了起来……时尚啊，是不是一场永不停歇的轮回？

左边：缎质连身裙，开司米山羊绒女士短斗篷，饰有丝线刺绣；右边：天鹅绒女帽，丝绸大披风。路易·玛丽·兰德绘；《时尚报》，1834年。

[1] 南肯辛顿博物馆（South Kensington Museum）：现为维多利亚和阿尔伯特博物馆（Victoria and Albert Museum）。——译者注

（下页）左边：饰有钻石的
发式，缎质连身裙；
右边：波雅尔式外套；
路易·玛丽·兰德绘；
《时尚报》，1834年。

男士舞会着装；左边：男童套
装，英式缎质长裤，提花马甲；
右边：开司米短绒礼服和长裤，
缎质嵌花马甲。
《时尚报》，1834年。

Lanté Del.
Gatine sculp.

（上页）绉纱连身裙，裙摆前部开衩，
露出饰有花朵的缎质半身裙；
路易·玛丽·兰德绘；
《时尚报》，1834年。

薄花边软帽和小披肩式宽领；
《家神·沙龙信使》，1832年。

绉纱连身裙；
《家神·沙龙信使》，1833年。

（下页）绉纱连身裙；
《家神·沙龙信使》，1832年。

左边：年长女士着装：花边头饰和披肩；
右边：绉纱舞会连身裙。
《家神·沙龙信使》，1833年。

上页）饰有薄花边的天鹅绒女士
斗篷，饰有月光花的发式；
易·玛丽·兰德绘；
时尚报》，1834年。

嵌花薄纱连身裙，珠罗纱围巾，
饰有欧蓍花（Achillea）的发式；
路易·玛丽·兰德绘；
《时尚报》，1834年。

丝质带薄花边的卡博特系带有褶女帽，
细亚麻布质罗丹格特女士罩袍，饰有刺绣；
路易·玛丽·兰德绘；
《时尚报》，1836年。

卡博特系带有褶女帽，丝质
连身裙，双绉纱嵌花大披肩；
路易·玛丽·兰德绘；
《时尚报》，1836年。

天鹅绒嵌花缎质外套，饰有花冠的发式，裙装上身饰有绸带和薄花边；
《家神·沙龙信使》，1832年。

女士室内着装；
《时尚报》，1838年。

左边：慕思琳薄纱连身裙，带褶的菲须方围巾和饰
有黑色缎边的围裙，薄花边露指手套；
右边：坐在波米尔炉端沙发上的年轻女士，束带式
女士软帽，带刺绣的慕思琳薄纱女士晨衣饰有花边。
《时尚报》，1833年。

绉纱连身裙，垂柳式发式；《家神·沙龙信使》，1833年

支撑式裙袖

继承自法兰西第一帝国时期的球形裙袖从1826年开始逐渐增大了体量。同一时期，以其对历史尤其是对文艺复兴的热忱著称的贝利公爵夫人，促使配有灵感来自16世纪羊腿袖的女士日间着装流行开来。晚装的款型则遵循以下两点：第一，球形裙袖上还有一层透明薄纱的第二层袖，呈羊腿状。这样的袖型是对流行于英格兰伊丽莎白一世女王统治时期裙袖的钟爱。第二，为了达到预期的膨大效果，人们使用了金属环状支撑结构，不久后，这种办法又被克里诺林裙撑所采用。

“羊腿袖下的支撑式裙袖真是一次有用的创举。多亏有它，膨大的袖窿根本不用担心会丢掉哪怕一丁点体量，显得清新自然，沙尔披肩和围巾可以放心地随意搭在肩膀上。”

《女士小信使》，1827年6月20日。

薄纱卡博特系带有褶女帽，饰有珠罗纱褶饰，天鹅绒罗丹格特女士罩袍；《家神・沙龙信使》，1833年。

《《 “现在女士连身裙的袖窿比男士长裤更费料。……离羊腿袖寿终正寝还早着呢！” 》》

《未婚女士日报》，1894年6月1日。

饰有天鹅绒的发式，裙装上身部分为天鹅绒，绉纱半身裙；《家神·沙龙信使》，1832年。

那不勒斯横棱绸女帽，带刺绣装饰的乔丽轻纱（Challis）连身裙；《家神·沙龙信使》，1832年。

1830年前后，羊腿袖的膨大效果延伸到了小臂，支撑结构变得不可或缺。与此同时，也出现了另外一种被称为“贝雷帽式”的袖型，这种袖型极其宽大，袖子在过肘部后逐渐收缩，整体很像贝雷帽的形态。羊腿袖在1838年后就不再流行了，裙袖的体量变得理智起来，只保留了小臂处的膨大效果。

19世纪90年代中期（参见本书438至445页），庞大的袖籠随着比例过度夸张的服装款型卷土重来，时隔55年的同款支撑裙袖这次搭配的是更加繁冗夸张的裙装。

上页）天鹅绒女帽，缎质罗丹格特女士
罩袍饰有绸带和橡子状流苏；
家神·沙龙信使》，1832年。

左边：带花边的头巾式女帽，天鹅绒连身裙；
右边：饰有玫瑰花的发式，前开衩的珠罗纱连身裙，饰有缎质蝴蝶结和薄花边。
路易·玛丽·兰德绘；
《时尚报》，1836年。

（下页）左边：天鹅绒领男士上装，天鹅绒马甲，呢绒长裤
右边：呢绒罗丹格特礼服，开司米山羊绒马甲，开司米短绒长裤。
路易·玛丽·兰德绘
《时尚报》，1834年。

左边：天鹅绒女帽，饰有貂毛的天鹅绒连身裙；
右边：缎质女帽，天鹅绒连身裙，布尔努斯阿拉伯式带帽斗篷。
路易·玛丽·兰德绘；
《时尚报》，1834年。

Lanté del.
Nargeot sc.

上页）左边：丝质女帽，慕思琳薄纱罗丹
格特女士罩袍，绣有花边，双绉纱大披肩；
右边：英式黑色呢绒罗丹格特礼服，绣有
毛的山羊毛马甲，条纹长裤。
路易·玛丽·兰德绘；
时尚报》，1836年。

左边：女童穿着慕思琳薄纱连身裙；
右边：丝质连身裙；
中间：带有珠罗纱面纱的丝质女帽，慕思琳薄纱连身裙，有刺绣装饰的慕思琳薄纱贝乐瑞短披风。
路易·玛丽·兰德绘；
《时尚报》，1836年。

左边：慕思琳薄纱连身裙，开司米山羊绒围巾，饰有天鹅绒的英式草帽；
右边：束带式丝质卡博特系带有褶女帽。
路易·玛丽·兰德绘；
《时尚报》，1836年。

左边：饰有花朵的绉纱连身裙；
右边：有刺绣装饰的开司米山羊绒披风外套。
路易·玛丽·兰德绘；
《时尚报》，1834年。

发式、帽子和卡博特系带有褶女帽；
努玛（Numa）绘；
206页大图出自：《家神·沙龙信使》，1841年；
207页12张小图出自：《家神·沙龙信使》，1844年。

女士城市着装：夏款北京宽条绸连身裙，棕色条纹，系带的裙装上身和袖子，绉纱女帽；努玛绘；《家神·沙龙信使》，1844年。

（下页）女士城市着装；左边：米色格纹和绿色条纹的丝绸连身裙，丝质女帽；右边：珠灰色丝质连身裙，绿色粉色渐变的夏款丝质波兰式罩裙（Polonaise），绉纱女帽。努玛绘；《家神·沙龙信使》，1844年。

（左上）女士城市着装；
左边：塔夫绸连身裙，马拉加什卡式围巾
（Écharpe Malajaska），绉纱女帽；右边：北京宽条绸连身裙
裙装前部饰有Z字型花边装饰，绉纱女帽。
努玛绘；
《家神·沙龙信使》，1844年。

（左下）女士城市着装；
左边：丝质条纹半身裙，慕思琳薄纱卡奈祖女士有袖胸衣，
士草帽；右边：带有刺绣装饰的慕思琳薄纱连身裙，淡黄色
质女士外穿晨衣，那不勒斯横棱绸女帽。
努玛绘；
《家神·沙龙信使》，1844年。

（右上）女士城市着装；
左边：淡紫色巴雷格山羊丝绒双层裙摆连身裙，修女式袖窿
绉纱卡博特系带有褶女帽；右边：丝质湖绿色反光连身裙，有
带装饰，绉纱女帽。
努玛绘；
《家神·沙龙信使》，1844年。

（下页）布莱·拉斐特式（Blay-Laffitte
男士服装；努玛绘
《家神·沙龙信使》，1844年

布莱·拉斐特式男士和男童着装；
努玛绘；
《家神·沙龙信使》，1844年。

左边：女士城市着装，丝质连身裙，
半身裙上饰有裁出的花边装饰，绉纱女
帽；右边：女士音乐会和观剧着装，
宽条纹连身裙，花边软帽。
努玛绘；
《家神·沙龙信使》，1844年。

上页）女士城市着装：灰色连身裙，
上身部分打褶并饰有齿形边饰，饰有
鸟羽的天鹅绒女帽；
努玛绘；
家神·沙龙信使》，1844年。

饰有天鹅绒的开司米山羊绒
居家长袍，薄花边软帽；
《家神·沙龙信使》，1833年。

居家长袍

在英式生活方式的影响下，七月王朝开启了一种全新的奢侈生活方式，重视起舒适性来。与雄伟但到处漏风的城堡相比，人们更喜爱同样豪华却又被重新设计的舒适套房，暖暖和和的，家具器物一应俱全。旧制度时期的人们，崇尚戏剧化的生活方式，像全天候不停演戏的演员，而19世纪正相反，资产阶级生活方式非常重视在其府宅内的私人生活，罗丹格特礼服和日常礼服被他们打发进了衣橱，他们在家中穿起了奢华的开司米山羊绒居家长袍，接待来访，处理家庭事务。

“用最快的速度赶紧去您的古堡里翻翻看吧！年轻又富有的雅致男士们将带领您紧跟时尚的脚步在古堡的阁楼深处找找18世纪遗留下来的旧箱子，如果您还能找到几件旧的居家长袍，不管是带花枝图案的还是带格纹图案的，恭喜您赶紧把您的裁缝找来，因为您拥有了当下最有品位的时尚单品。”

《女士小信使》，1827年5月20日

左边：布里丹式（à la Buridan）
居家长袍，男士窄边软帽；
右边：呢绒男士上装，缎质长裤。
《家神·沙龙信使》，1833年。

左边：开司米山羊绒居家长袍；
中间：呢绒上装；
右边：宽大天鹅绒翻领的罗丹格特礼服。
《时尚报》，1837年。

（下页）左边：天鹅绒和缎质居家长袍；
中间：搭扣式外套；
右边：饰有皮草的直筒型罗丹格特礼服。
《时尚博物馆》（Le Musée des modes），1848年。

带着些许作秀的意味，大资产阶级从过去的世界里汲取着精神力量：他们模仿贵族的气质，身披贵族式的盛装，收藏贵族遗留的奇珍异宝和艺术品，然后舒适地窝在自家最柔软的沙发里，安享生活。

《女士小信使》杂志作为这种新式私人生活方式的见证者，翻出了旧日的服装，将它们重新推到了台前："这就是复古风格啊……"

"和巴黎最时髦的雅致男士们一样，您也可以在清晨，身着一件布满花束并带宽条纹印度式衬里的波斯或印度式罗丹格特晨服；和他们一样，别忘记用宽扣襻系上您的居家长袍，也别忘搭配上沙尔式领；和他们一样，您这样穿着可能也会使人发笑，但是您肯定是最时髦的，这样的话，我们的任务也就完成了。

《女士小信使》，1827年5月20日。

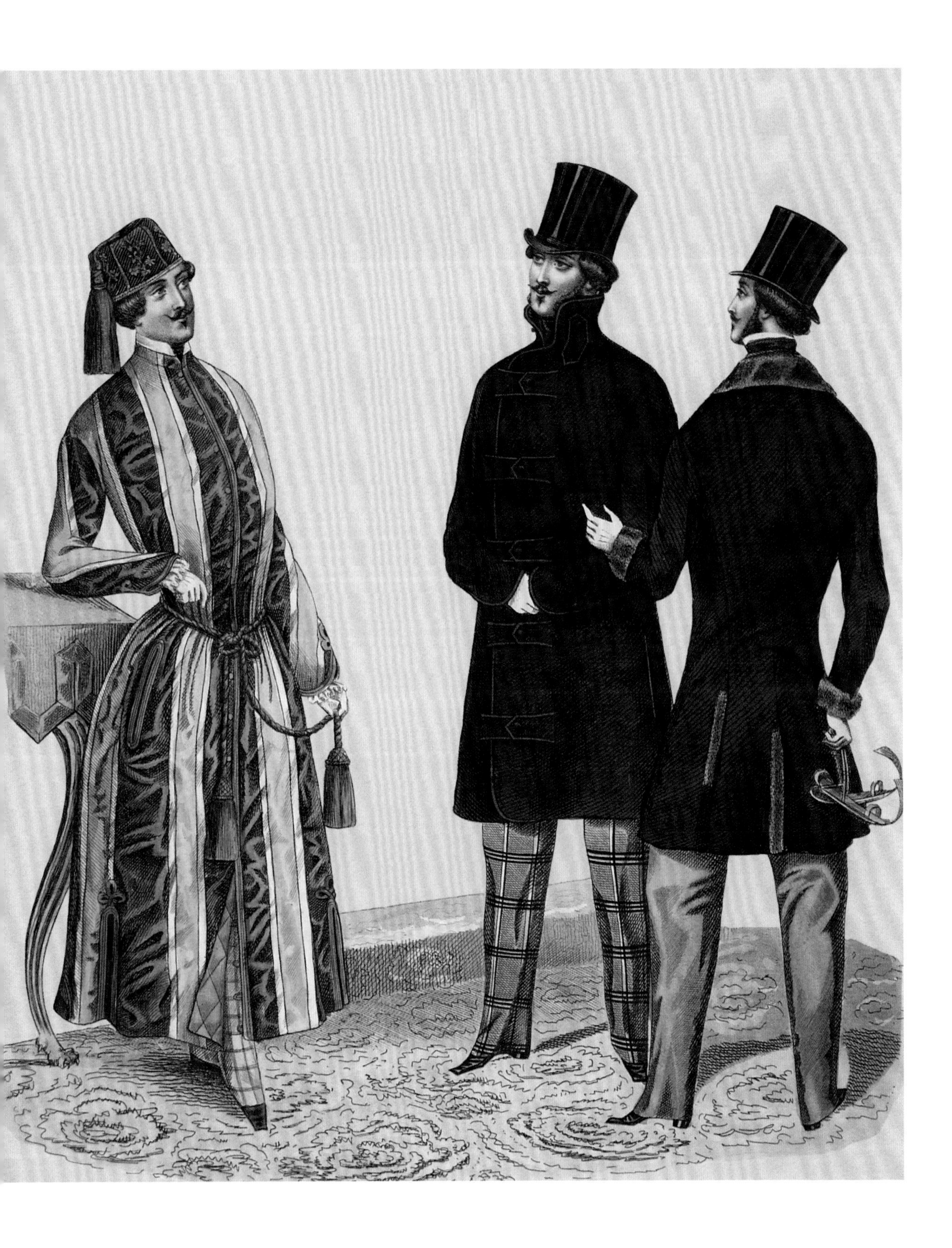

女士散步时着装；左边：塔夫绸连身裙，大披肩式腰饰，女士草帽；
右边：玫瑰嵌花的绿色塔夫绸双层裙摆连身裙，贝乐瑞花边短披肩，女士草帽。
儒勒·大卫（Jules David）绘；
《时尚导报》，1847年。

左边：女士城市着装，菜绿色塔夫绸女士短斗篷和连身裙，珠罗纱女帽；
右边：年轻女士着装，蓝色塔夫绸春款薄外套，苏格兰格纹丝绸连身裙，绉纱女帽。
儒勒·大卫绘；
《时尚导报》，1847年。

女士郊游着装；左边：粉色塔夫绸罗丹格特女士罩袍和西班牙式披风，女士草帽；
右边：慕思琳薄纱连身裙，饰有刺绣飞边，大披肩，马鬃卡博特系带有褶女帽，带珠罗纱衬里。
儒勒·大卫绘；
《时尚导报》，1847年。

左边：年轻女士着装，慕思琳薄纱卡奈祖女士有袖胸衣，带有苏格兰格纹的塔夫绸连身裙；中间：女童着装，塔拉丹布（Tarlatane）连身裙，蓝色塔夫绸外套，草帽；右边：女士散步着装，大披肩式女士花边短斗篷，绉纱女帽。

儒勒·大卫绘；

《时尚导报》，1847年。

女士秋季着装；左边：浅黄褐色美利奴羊毛罗丹格特女士罩袍和贝乐瑞短披风，天鹅绒女帽；右边：黑色塔夫绸连身裙，白底开司米山羊绒大披肩，天鹅绒女帽。
儒勒·大卫绘；
《时尚导报》，1847年。

儿童着装（从左至右依次为）:
黑色天鹅绒上装，人字斜纹
布长裤（Pantalon de coutil）;
白色慕思琳薄纱连身裙；带有
搭扣的南京布连身裙；
慕思琳薄纱卡奈祖女士短袖胸衣和
带有苏格兰格纹的塔夫绸半身裙。
儒勒・大卫绘；
《时尚导报》，1847年。

左边：女士乡间着装，罗丹格特女士晨间罩袍，慕思琳薄纱短披风，圆形女士草帽；
右边：女士夏季骑马着装，带刺绣的南京布质上装，白色开司米山羊绒半身裙。
儒勒·大卫绘；
《时尚导报》，1847年。

左边：慕思琳薄纱有褶晨衣和外套，塔夫绸半身裙，圆形花边发式；
右边：女童穿着慕思琳薄纱小圆点连身裙，珠罗纱围巾。
儒勒·大卫绘；
《时尚导报》，1847年。

左边：女士拜访着装，饰有花边的天鹅绒外套，
苏格兰格纹连身裙，天鹅绒和缎质女帽；
右边：女士居家着装，天鹅绒炉旁外套，
塔夫绸罗丹格特女士罩袍，花边软帽。
儒勒·大卫绘；
《时尚导报》，1847年。

女士散步着装；左边：粉色塔夫绸公主式罗丹格特女士罩袍，女士草帽；右边：小圆点丝绸连身裙，带花边。
儒勒·大卫绘；
《时尚导报》，1847年。

左边：女士晨间着装，细亚麻布印花晨衣，花边软帽；右边：女士旅行着装，拉瓦尔平纹布（Toile de Laval）半身裙和帕勒托特短外套（Paletot），饰有白色缘带，贾加纳薄纱（Jaconas）系带风帽。
儒勒·大卫绘；
《时尚导报》，1847年。

女士散步着装；左边：湖绿色塔夫绸连身裙，饰有塔夫绸梯状装饰，珠罗纱卡博特系带有褶女帽；右边：灰色丝绸连身裙，带花边的披纱，黑色珠罗纱衬里，女士草帽。
儒勒·大卫绘；
《时尚导报》，1847年。

女士舞会着装；左边：樱桃红色缎质连身裙，饰有白色和黑色飞边，红色天鹅绒发饰；右边：粉色波纹连身裙，珠灰色绉纱裙边和内层半身裙。
儒勒·大卫绘；
《时尚导报》，1848年。

左边：女士舞会后着装，大红色开司米山羊绒女士带帽披风，带飞边的金色缎质连身裙；右边：女士舞会着装，卡玛戈式连身裙（Robe Camargo），白色缎质衬裙，带刺绣的白色珠罗纱半身裙。
儒勒・大卫绘；
《时尚导报》，1847年。

法兰西第二共和国时期（1848—1852）和法兰西第二帝国时期（1852—1870）的服装和服饰

克里诺林裙撑年代

克里诺林裙撑年代

L

短暂的法兰西第二共和国（La Ⅱe République）（1848—1852）把拿破仑一世的侄子路易·拿破仑·波拿巴（Louis-Napoléon Bonaparte）推上了总统的宝座。1852年12月2日政变成功后，这位"王子总统"恢复了帝制，成立法兰西第二帝国（Le Second Empire）（1852—1870），成为拿破仑三世（Napoléon Ⅲ）。在之后的20年间，高雅和奢华之风统领了堪称欧洲最耀眼的第二帝国宫廷。第二帝国在铁路、银行业、工业和建筑领域蓬勃发展，经济形势一片向好。1855年和1867年在巴黎举办的两次世界博览会，为法兰西艺术和工业高唱荣耀赞歌，这时的第二帝国达到了它兴盛的顶点。同样也是在这个时期，奥斯曼男爵（Baron Haussmann）对巴黎进行了改造，他兴建宽阔的林荫大道，建造醒目高雅的建筑，使巴黎城市的现代化打上了奥斯曼男爵的印记。正当这位著名的行政长官将其爪子[1]（Griffe）伸向法兰西首都的建筑物时，查尔斯·弗雷德里克·沃斯（Charles Frederick Worth）也在连身裙的标签上署上了自己的名字。欧仁妮皇后像仙女一样俯身为还在摇篮中的高级定制（Haute couture）许下美好祝愿的同时，也向沃斯许下了大量的服装订单！这让当时这位还未被称为服装设计大师的连身裙艺术家声名鹊起。

在受够了七月王朝时期暗淡无光的服装和服饰后，被18世纪享乐主义所影响的女士们渴望着奢华的回归。这种强烈的装饰意愿通过内穿著名的克里诺林裙撑而庞大的半身裙裙摆和其上装饰物的堆积表现了出来。钦慕玛丽·安托瓦奈特王后和旧制度的欧仁妮皇后恢复了

[1] 爪子（Griffe）：兼具"爪子"和服装的"署名标签"两个意思，一语双关。——译者注

蓬巴杜风格，只不过这种风格被当时的时尚刊物巧妙地重命名为“皇后风格”。克里诺林裙撑是18世纪时帕尼尔裙撑的翻版，1852年2月的《家庭博物馆》（Le Musée des familles）杂志断言在一次舞会上“有几位涂脂抹粉的女士，其中就有加丽赞公主殿下（Mme la princesse Galitzin），你们百分之百猜不到的是，她裙子底下穿了帕尼尔裙撑！”尽管如此，在克里诺林裙撑还没成为旧制度时帕尼尔裙撑所代表的笼子（Cage）之前，克里诺林（Crinoline）这个词另有其意，它在衬裙缝制术语中指由马鬃（Crin）作纬纱起到挺括作用的亚麻（Lin）织物，crinoline的拼法由此得来。1852年7月，《家庭博物馆》杂志继续向读者介绍这种女式内衣：“现在，裙摆庞大的半身裙几乎必须内穿克里诺林衬裙，要不然半身裙就不能保证其膨胀的效果；这类衬裙上部分是白布，裙脚是50厘米宽的克里诺林裙撑环圈。”

半身裙的裙围在不断扩大，层叠堆积的僵硬面料让整个服装变得十分沉重，由此引起的不舒适性有目共睹。因此制作商们想出了用鲸须或金属围圈制作衬裙的办法，以便在这种高雅的裙装不断扩大裙围的同时使其仍保有一定的轻巧性……这种衬裙由19世纪50年代时的圆形，逐渐向服装后部增加体量，在1863~1866年，克里诺林裙撑的体量达到了顶点。然而并不是所有人都愿意穿着这种笼型裙撑。《未婚女士们的商店》（*Le Magasin des demoiselles*）杂志在1854年7月刊明了其愤怒程度：“这种可怕的克里诺林裙撑太不适合女士们了。真可悲，它居然在巴黎蔚然成风了。大家会说，之前流行的帕尼尔裙撑也非常没品位啊。不，当然不是这样的。帕尼尔裙撑在使臀部膨大的同时会显得腰部很细，而且会使裙装下摆部分显得优雅，可以在上面做一些雅致的裙褶。但是看看克

左边：女士居家着装，天鹅绒和卷毛羔皮轻骑兵式上装，丝质半身裙，慕思琳薄纱软帽；右边：女士正餐或晚间聚会着装，塔夫绸连身裙外套，腰部无缝线，希腊式发式。儒勒·大卫绘；《太太和未婚女士导报》（*Lc Moniteur des dames et des demoiselles*），1864年。

里诺林裙撑吧！它在连身裙下部肿起来，像管风琴参差不齐的大管子似的，随意膨胀。例如，一位女士要在火车上就座，她就必须要把裙边挽起来放在座位上，那完了，她邻座的女士或先生就得在一个满是马毛的臀部旁边凑合完整段旅程了……”《家庭博物馆》杂志甚至在1858年4月向读者们介绍了一种创新产品，它能缓解由于穿着克里诺林笼型裙撑而带来的诸多不便：“我们庞大的裙装有时太不方便了，但是却催生了一种新产品，这就是‘提裙子’（Lève-jupe）。这名字听起来真不得体，但也不是我能修改的。它借助于一种不外露的手柄和一些皮带轮，我们可以在大街上随时提起裙子来，不用手，因为手经常被雨伞或是其他东西占着。这就是我们的大裙箍子带给我们的。现在我们终于和纪念塔一样了，绕塔一周挂上装饰帷幔，一拉一合地。唉，算了，我们都能忍受上笼戴套了，再戴上皮带轮也算不得什么大事！”在同一刊面中，专栏编辑对宝琳·罗伊尔公司（Maison Pauline Royer）于1858年夏季上市的漂亮的希乐菲德（Sylphides）衬裙大唱赞歌。这种衬裙用轻型面料缝制，不但一点不像笼子，而且使整个身型看起来优雅至极，“不会让我们滑稽得像个气球一样鼓起来”。但是这也白费工夫，虽然克里诺林笼型裙撑的夸张不被时尚刊物们看好，也总被因夫人穿着克里诺林笼型裙撑而无法触及她们手臂的恼怒男士们所嘲笑，但是这种裙撑却出奇地流行，所有女士，不论是皇后还是普通的资产阶级太太们都穿着它。讽刺画作家以此为主题，肆意地对其进行戏谑和模仿。人们真见到过有农村妇女用鸡笼子充当衬裙的，也有孩子为了对抗母亲的惩罚而把她的克里诺林裙撑鼓捣坏得像鸡笼一样！

其实，克里诺林裙撑能够得到发扬的原因并不仅仅和时尚的任性有关……因为它在为拿破仑一世50多年前开展的以时尚为杠杆重振法国纺织生产业的经济政策出工出力！直到第二帝国中期，裁缝们还在为了使克里诺林裙撑尽量显得膨大而使用了大量的面料。如果一条

从上至下：短款紧身胸衣、懒人式紧身胸衣、灰色人字斜纹布长款紧身胸衣；《时尚画刊》，1869年。

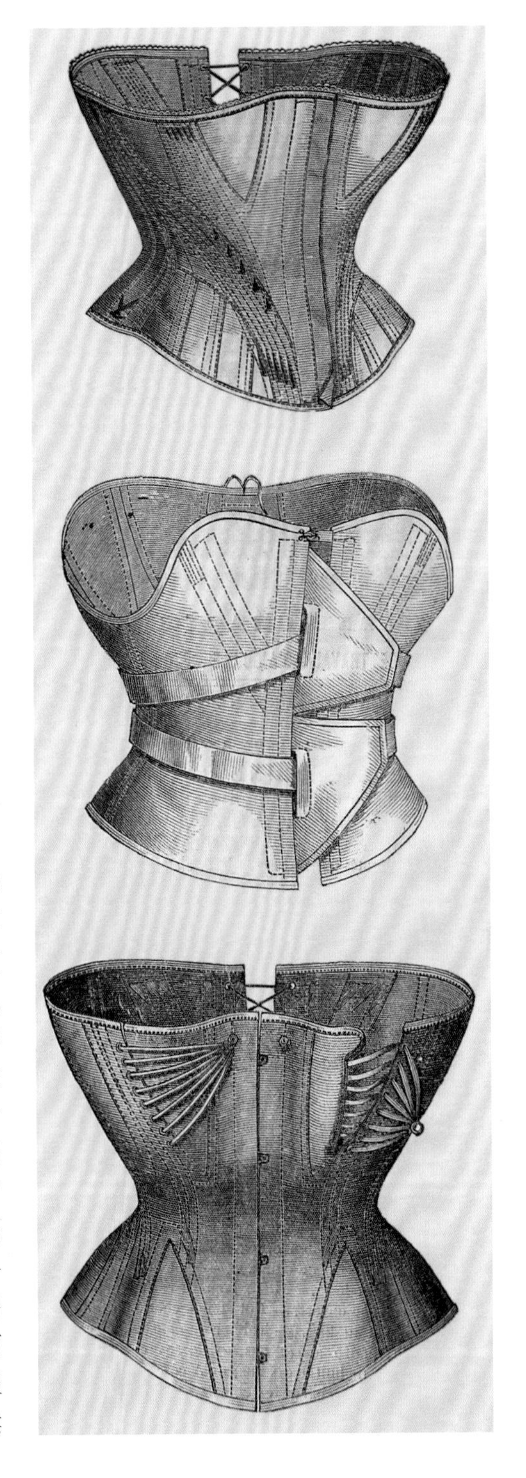

半身裙的裙裾围度看起来有10米多，那么必须要用20多米的料子才能完成这件裙子的缝制……由于用料量巨大，法国纺织产业终于反超了英国同行！

显然，克里诺林裙撑是19世纪女性地位的见证，她们被赋予男性决策权和行动力的社会边缘化。时尚版画中那些身着重型盔甲般裙装的女性，被隔绝被束缚，在生活中战斗着、表演着……就连穿衣服这件简单小事都是花费很多时间的复杂礼仪，尤其是还需要仆人的帮助。作家史蒂芬·兹维格（Stefan Zweig）这样描述其过程："首先要做的是从后腰开始系一串搭扣或是串一排扣眼，一直到后颈部。然后女佣必须使出全身力气来收紧主人的紧身胸衣。最后，得像洋葱皮一样一层层地紧裹上衬裙、卡米索尔宽松直筒上衣（Camisole）和雅阁特女士收腰长下摆短外套（Jaquette），直到最后一丝女人味和个性完全消失不见。"必须承认的是，对一位被时尚裹挟而隔绝于世的女性来说，穿衣服如同受难一般！而且这位作家诙谐的笔锋罕见地揭露了女性身体的自然曲线被面料堆砌而成的建筑物几乎彻底抹去的事实……服装的复杂性和那个时期宣扬的躯体自然

（下页）左边：15~18岁年轻女性的着装，
慕思琳薄纱连身裙，粉色塔夫绸罩裙；
中间：女士室内着装，蓝色塔夫绸连身裙；
右边：4岁男童着装，珠灰色府绸丘尼长衫，
亨利三世（Henri Ⅲ）无边小帽。
儒勒·大卫绘；
《未婚女士导报》，1853年。

比例对立了起来。看起来纤细只是穿了紧身胸衣的假象，女性们把她们肥胖的身体藏在巨型的裙装下，巴尔扎克把她们比喻成“雅致地摆在漂亮盘子里的新鲜水果，激起用餐刀切开它们的渴望。”越是不容易吃到的东西越觉得好吃，庞大的裙装拉远了与女性接触的距离，让人只能更沉迷于对她们的幻想中……

正当克里诺林裙撑不再扩大体量时，时尚刊物从19世纪中期开始关注男装缺乏想象力和创造力原因。“从男装的时尚可以管窥到我们这个年代的枯燥无味，”1858年8月的《男装裁缝回声报》（*Le Journal du tailleur*）这么写道：“上流社会和那些极为富有的顾客极少甚至根本不懂得促进我们服装和服饰的发展。我们不缺富豪，他们数量前所未有地猛增，但是品位在哪里？想象力在哪里？对艺术的爱在哪里？以前，所有这些我们都能在贵族老爷们还有阔绰富足的金融家们那里找到……”男装不可避免地沉浸在无尽的黑色悲哀中，这是对那已终结的生活艺术的哀悼，是对旧制度的哀悼……拿破仑三世夫妇举办的大型聚会本来可以容许男士们展示巴洛克式奇异的雅致，但无论是在剧院休息室、音乐厅出口还是在杜伊勒里宫的沙龙，都是清一色的身着罗丹格特礼服、窄后下摆礼服、折叠式高顶大礼帽的身影。然而一种被称为雅阁特男士礼服（Jaquette）的新款服装，很快成为罗丹格特礼服的竞争对手。这种简化了的外套最开始叫作礼服上衣（Habit-veste），今天我们在节庆和高雅的场合仍会穿着雅阁特男士礼服。《男装裁缝回声报》和其他一些男装专业刊物一起，承担起了为读者介绍着装品位的工作，而这种品位在19世纪后50年中几乎没有发生过变化。

服装和服饰资产阶级化革新的力量是巨大的。但残酷的是，这个世纪似乎缺少了一些有才华、有个性、有品位而且行事大胆的时尚领袖，也许只有他们才能颠覆死板而一成不变的男士服装。

（下页）左边：女士散步着装，白色贾加薄纱上装，条纹塔夫绸半身裙，女士草帽
右边：女士居家着装，白色慕斯琳薄纱路易十五式苏塔奈尔连身裙（Soutane Louis XV）。
儒勒·大卫绘；
《时尚导报》，1850年。

女士盛装长裙：绉纱连身裙，上身有希腊式褶皱装饰，宽大的裙围饰有螺旋状飞边，绑带式发式；
儒勒·大卫绘；
《时尚导报》，1850年。

Jules David
GERVAIS

女士室内着装：絮棉的白色缎质女士短上衣，饰有玫瑰花，黑色天鹅绒连身裙，饰有立体式花边的头饰；儒勒·大卫绘；
《时尚导报》，1850年。

（下页）女士室内着装：
色开司米山羊绒短上装
套，彩色绣饰，黑色塔
绸连身裙，花边发饰
儒勒·大卫绘
《时尚导报》，1850年

左边：16岁的年轻女子着装，粉
绉纱连身裙；中间：年长女士着装
塔夫绸连身裙，黑色薄花边头纱
围巾；右边：女士晚间聚会盛装
白色波纹丘尼外层短罩裙
儒勒·大卫绘
《太太和未婚女士日报》（*Le Journal des dames et des demoiselles*），1852年

年长女士半正式着装：黑色图案嵌花锦缎质罗丹格特女士罩袍，黑色花边贝乐瑞短披风，芳崇式头巾软帽（Bonnet Fanchon）；
儒勒·大卫绘；
《时尚导报》，1850年。

GERVAIS

女士散步盛装：粉色带花边的塔夫绸披肩式女士短斗篷，女士草帽；儒勒·大卫绘；
《时尚导报》，1850年。

女士晚间着装：开司米山羊绒东方风格上衣，饰有飞边的半身裙；儒勒·大卫绘；《时尚导报》，1851年。

上页）女士盛装：白色开司米山羊绒舞会后外套，绣有圆形装饰，粉色珠罗纱连身裙，饰有褐色天鹅绒编带和金色绸带铃铛的发式；
儒勒·大卫绘；
《时尚导报》，1851年。

女士居家盛装：天鹅绒巴斯克式（Basquine）上衣，饰有苏格兰绸带的天鹅绒半身裙，路易十五式花边芳崇式头巾发饰；
儒勒·大卫绘；
《时尚导报》，1851年。

左边：女士城市着装，塔夫绸连身裙和外套，平褶和齿形飞边，女士草帽；
右边：女士乡间盛装，印花慕斯琳薄纱连身裙，淡绿色塔夫绸带帽的披肩式外套。
儒勒·大卫绘；
《时尚导报》，1850年。

时尚插画家——儒勒·大卫（1808—1892）

儒勒·大卫对19世纪女装时尚刊物的贡献是巨大的，仅《时尚导报》就在1840~1880年请他创作了2600多幅时尚插画！他的插画表现了人物的日常生活场景，每一幅都是那些年代不同场合和装饰风格的见证。他以敏锐细致的观察力在作品中呈现了数量庞大的各类服装，让我们得以随着季节的变换去了解当时女性的生活节奏。他的画从艺术和社会学的角度为我们开启了研究19世纪服装和服饰的新维度。

从某种意义上来说，儒勒·大卫带我们进行了一次上流社会的穿越之旅：一个阳光明媚的上午，女士们纷纷来到香榭丽舍大街（Les Champs-Elysées）和布洛涅森林公园（Bois de Boulogne）翠绿的林荫道散步；下午则是拜访朋友和接待访客的时间。每当三月，即使阳光没能如约而至，女士们还是会去龙骧赛马场附近逛逛，那里真成了春季服装的发布会现场……而当夏天来临，这些雅致的人们则会赶紧前往她们的乡间城堡或是滨海别墅避暑。宜人的季节有利于开展户外活动，专门用于外出度假的服装多了起来。

左边：女士城市着装，塔夫绸连身裙和带蓬边的女士短斗篷，塔夫绸卡博特系带有褶女帽；右边：女士居家着装，白色提花女士马甲式上衣，苏格兰格纹府绸半身裙。
儒勒·大卫绘；
《时尚导报》，1851年。

霜降过后，女士们不得不返回了巴黎的住所，但她们很快又在奥蓬马歇百货商店找到了安慰，那里正在销售秋季服装，而奥蓬马歇百货商店则是名副其实的雅致殿堂。剧院里又热闹了起来，人们穿着自己最华丽的开司米山羊绒裙装招摇过市。二月是举行婚礼的月份，女孩们、姐妹们，所有人都有自己的礼服。巴黎上流社会完美的一天必须以一场舞会来结束，女士们穿着独特的裙装竞相争艳，因为人们都确信，最新的款式一定会让去年冬季的款式黯然失色！

左边：9~11岁女童着装，
白色慕斯琳薄纱连身裙；
中间：女士散步着装，
巴雷格山羊丝绒连身裙；
右边：7岁男童着装，
米黄色南京布宽松罩衫，
英式刺绣长裤，草帽。
儒勒·大卫绘；
《太太和未婚女士日报》，1852年。

左边：女士室内盛装，饰有花边和绸带的绿色塔夫绸连身裙；
右边：20个月~2岁男童着装，英式缎质长袍，巴斯克式上衣；
儒勒·大卫绘；
《太太和未婚女士日报》，1852年。

左边：女士乡间晨装，塔尔玛式（Talma）披风，慕斯琳薄纱连身裙，钟形卡博特系带有褶女帽；
中间：5岁男童着装，府绸宽松罩衫，人字斜纹布长裤，草编大盖帽；
右边：11~14岁女童着装，米黄色南京布质外套，贾加纳薄纱连身裙，遮阳软草帽。
儒勒·大卫绘；
《太太和未婚女士日报》，1852年。

左边：女士正餐着装，饰有小飞边的塔夫绸
连身裙，珠罗纱女士软帽；
右边：女士城市着装，呢绒围巾式短斗篷和
罗丹格特女士罩袍，饰有刺绣装饰，女士草帽。
儒勒·大卫绘；
《时尚导报》，1850年。

左边：9~11岁女童着装，苏格兰塔夫绸
连身裙，贾加纳薄纱长裤；
中间：女士城市着装，黑色天鹅绒罗丹
格特女士罩袍，路易十五式女士软帽；
右边：女士拜访着装，塔夫绸和珠罗纱
连身裙，女士草帽。
儒勒·大卫绘；
《时尚导报》，1853年。

左边：女士散步着装，饰有蓬边的轧光塔夫绸连身裙，
女士草帽；
右边：女士阿玛佐纳骑马装，开司米山羊绒紧身上衣，
条纹人字斜纹布半身裙，海狸毛皮女帽。
儒勒·大卫绘；
《时尚导报》，1850年。

左边：女士晨间着装，白色贾加纳薄纱帕勒托特·卡米索尔宽松短外套，贾加纳薄纱衬裙，花边软帽；
右边：女士散步着装，塔夫绸罗丹格特女士罩袍，饰有蓬边的围巾式短斗篷；
儒勒·大卫绘；
《时尚导报》，1850年。

左边：女士散步着装，带有
花环印花装饰的蝉翼纱连身裙
蕾丝外套，遮阳软草帽；
右边：女士阿玛佐纳骑马装
白色提花垂尾上装，府绸半
裙，毛毡女帽。
儒勒·大卫绘；
《时尚导报》，1851年。

左边：年轻女士着装，白色带刺绣的慕斯琳薄纱连身裙，蕾丝带帽短斗篷，草编珠罗纱卡博特系带有褶女帽；
中间：女童着装，粉色蝉翼纱连身裙，草帽；
右边：男童着装，府绸套装，水手帽。
儒勒·大卫绘；
《时尚导报》，1851年。

左边：女士盛装，粉色塔夫绸连身裙，薄花边罩裙，
卡玛格式发式；
右边：女士城市着装，黑色带花边天鹅绒上装，蓝色飞边
塔夫绸半身裙，缎质卡博特系带有褶女帽。
儒勒·大卫绘；
《未婚女士导报》(*Le Moniteur des demoiselles*)，1853年。

女士城市着装；左边：丝绒连身裙，波纹女士马甲，卡博特系带有褶女帽；右边：塔夫绸连身裙，云纹呢绒圆肩大披风，贝乐瑞式带帽短披风，天鹅绒女帽。
儒勒·大卫绘；
《时尚导报》，1851年。

左边：年轻女士着装，白色塔拉丹布连身裙，塔夫绸外套（以玛丽·安托瓦奈特在特里亚农宫穿着的款式为原型）；中间：年长女士着装，塔夫绸连身裙；右边：女童着装，塔夫绸连身裙。
儒勒·大卫绘；
《时尚导报》，1851年。

左边：女士城市着装，塔夫绸罗丹格特女士罩袍，路易十五式芳崇式头巾发式；右边：女士城市盛装，轧光塔夫绸连身裙，绿色塔夫绸大披肩式短斗篷，女士草帽。
儒勒·大卫绘；
《时尚导报》，1851年。

（下页）左边：女士舞会着装，塔夫绸连身裙
右边：女士盛装，天鹅绒连身裙，饰
有白色珠罗纱绉泡装饰的粉色塔夫绸
连身裙，天鹅绒褶皱发式，饰有鹳羽
儒勒·大卫绘
《太太和未婚女士日报》，1852年

左边：女士城市着装，波纹天鹅绒连身裙；
右边：女士盛装，天鹅绒嵌花波纹连身裙，
上装的下摆前后均有胸衣支撑。
儒勒·大卫绘；
《未婚女士导报》，1853年。

左边：天鹅绒嵌花府绸连身裙，瑞士式短袖胸衣；
右边：饰有飞边的塔夫绸连身裙，薄花边软帽发式，
饰有花朵和天鹅绒点状装饰。
《未婚女士导报》，1853年。

Jules David

左边和中间：穿越时空着装，路易十五治下的粗布女裙和大贵族的着装；
右边：女士舞会着装，白色缎质连身裙，上披带玫瑰花束绣饰的黑色珠罗纱，束发带式发式。
儒勒·大卫绘；
《时尚导报》，1851年。

左边：12岁女童盛装，粉色塔夫绸连身裙，
饰有黑色天鹅绒星星的半身裙，塔夫绸低筒靴；
右边：15岁女童着装，白色塔拉丹布连身裙，
美第奇式发式。
儒勒·大卫绘；
《未婚女士导报》，1853年。

上页）左边：4~10岁男童着装，米黄色
京布质轻骑兵式套装，绣有红色束带；
边：女童着装，白色开司米山羊绒连身裙，
有玫瑰花冠的草帽。
尔·诺埃尔（Laure Noël）绘；
家庭博物馆》，1858年。

左边：女士舞会着装，白色塔夫绸连身裙，
慕斯琳薄纱小披肩式宽领；
右边：粉色绉纱连身裙，上身饰有齿形饰带。
《未婚女士日报》，1851年。

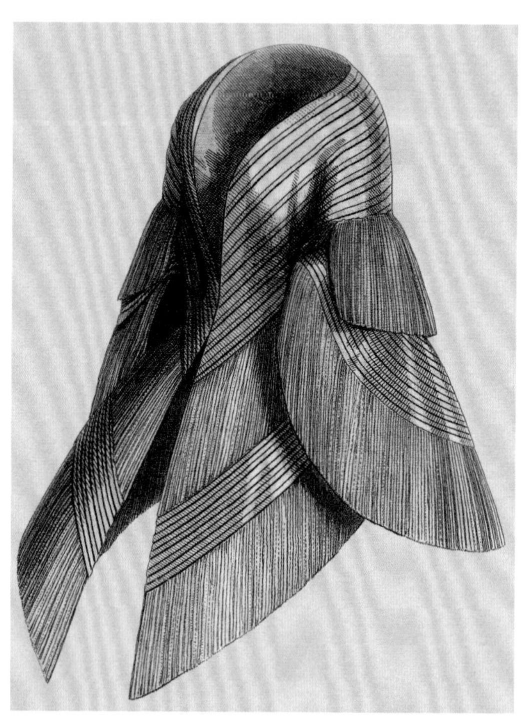

女士短斗篷，在德丽斯勒时装屋（Maison Delisle）出售的；《时尚导报》，1851年。

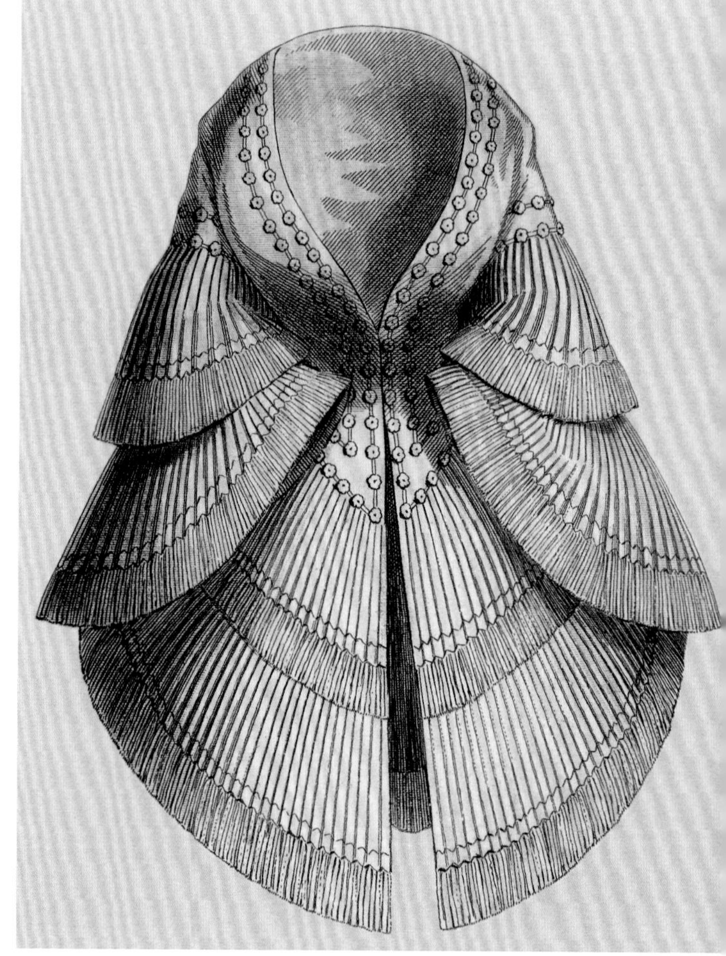

（下页）左边：坐在秋千上的年轻
孩穿着米黄色南京布质连身裙，
枪于式领，带绣饰的塔夫绸卡
维克式（Cazavek）上衣；
右边：贾加纳薄纱连身裙，裙前
饰有带绣饰的绸带，紧身上衣。
A·德·塔维尔纳绘；
《未婚女士日报》，1853年。

左边：年轻女孩着装，慕斯琳薄纱连身裙，
半瓦卢瓦式（Demi-Valois）发型；
右边：年轻女士着装，塔夫绸连身裙，珠罗
纱卡奈祖女士胸衣，绣有雪尼尔绒线装饰。
A·德·塔维尔纳（A. de Taverne）绘；
《未婚女士日报》，1854年。

Leroy. Imp. r. des Marais, 66.

上页）左边：年轻母亲着装，居家长袍式半身裙，饰有天鹅绒，希腊式上衣；中间：婴儿着装，前摆饰有飞边的衬衣裙；右边：奶妈着装，布列塔尼式套装。
阿娜依丝·图度兹（Anaïs Toudouze）绘；《太太和未婚女士日报》，1858年。

左边：带有三层飞边的慕斯琳薄纱连身裙，
右边：三层塔尔玛式披风，女士草帽；
饰有希腊式绦带的连身裙。
《未婚女士日报》，1853年。

左边：女士城市便服，灰色连身裙，上身饰有枪骑兵式勃兰登堡肋型胸饰和细绳饰带，饰有苏格兰格纹的女士草帽；
右边：女士散步盛装，带飞边的细亚麻布连身裙，带条状饰带的围巾，女士草帽。
劳尔·诺埃尔绘；
《家庭博物馆》，1858年。

左边：女士花园着装，蓬巴杜塔夫绸的路易十五式无腰连身裙，带小帽，火枪手式女士草帽；
右边：女士拜访着装，带飞边的塔夫绸连身裙，慕斯琳薄纱大披肩。
阿娜依丝·图度兹绘；
《太太和未婚女士日报》，1859年。

左边：男士着装，礼服上装，白色马甲；
中间：年轻女孩舞会着装，粉色绉纱连身裙，上身有褶皱装饰；
右边：年轻女士晚间聚会着装，带飞边的绿色塔夫绸连身裙，饰有黑色立体式花边。
劳尔·诺埃尔绘；
《家庭博物馆》，1857年。

上页）左边：女士城市着装，绣有花边的黑色天鹅绒大披肩，法兰西蓝塔夫绸连身裙，缎贡女帽；
中间：女童晚间聚会着装，饰有齿形飞边的粉色塔夫绸连身裙；
右边：女士室内着装，铁灰色府绸连身裙。
劳尔·诺埃尔绘；
《家庭博物馆》，1857年。

（下页）左边：年轻女孩着装，珠灰色塔夫
绸连身裙，饰有苏格兰格纹塔夫绸装饰
阿尔及利亚式大披肩，绉纱女帽
中间：初领圣体着装，蝉翼纱连身裙
慕斯琳薄纱面纱
右边：母亲着装，蓝色府绸连身裙
黑色塔夫绸短斗篷
劳尔·诺埃尔绘
《家庭博物馆》，1858年

年轻女孩舞会着装：白色塔拉丹布连身裙，
丝质珠罗纱后系带式卡奈祖女士胸衣，饰有
蓝色小飞边和绸带，花冠；
劳尔·诺埃尔绘；
《家庭博物馆》，1857年。

Avril No 7 8ème Année
Barreau sc.
Gregnet imp Cltre des Bernardins 13
Laure Noel

穿越时空着装；
孔特·卡利克斯（Compte–Calix）绘；
“巴黎上流社会的雅致生活”，《巴黎时尚报》系列版画，约1852年。

左边：土耳其欧达利斯克式着
樱桃色锦缎外套，条纹薄纱半
裙，开司米山羊绒大披肩；
右边：女士火枪手式着装，羊
半身裙和白色卡拉格紧身上
带有天鹅绒带饰，粉饰发型，
质女帽。
爱洛依丝·乐鲁尔（Héloïse Lelo
绘；
《家庭博物馆》，1851年。

化装舞会

19世纪，尤其是在第二帝国时期，不论是在上流社会还是民间，人们对化装舞会都有着极大的热情，但要论排场，还是帝国宫廷的化装舞会最为盛大豪华。戏剧和歌剧对服装和服饰产生了很大影响，再次激起了人们对时空穿越着装风格的兴致。与此同时，真实还原历史的原貌和服装的华丽程度达到了顶点。

“透过一束束明亮的光，在一捧捧珍稀花束间，一大群具有贵族气质的美人和血统高贵的骑士，身着优雅、别致、奇怪、华丽的时空穿越风格服装，熙熙攘攘，来来往往。福尔德太太（Mme Fould）乔装成卡特琳娜·德·美第奇（Catherine de Médicis），国务大臣（Ministre d'Etat）身披棕色多米诺斗篷（这是一种带帽的面具式斗篷）。皇帝陛下刚现身的时候身披黑色多米诺斗篷，之后又换成绿色的，最后换成粉色的。皇后身披白色缎质多米诺斗篷入场，之后又换成了饰有黑白色花边的粉色缎质多米诺斗篷。还要我说说其他人的着装吗？有扮成随军女商贩的，有扮成农妇的，有扮成黑桃王后和梅花王后的，还有扮成切尔克斯人的。然后又走来一帮扮成侯爵夫人的，还有身着各式各样穿越时空风格服装的。男士们也不示弱，着装各异，品类丰富。我们在此将仅列举亨利三世和路易十三治下绅士们的服装，还有之前介绍的波斯式和印度式的男装、农夫着装、无领无袖套头衫、小丑装等。”

《家庭博物馆》杂志对国务大臣阁下举办的化装舞会的描述，1858年3月。

穿越时空风格着装（从左至右依次为）：亨利二世（Henri Ⅱ）时期年轻妇女着装，布列塔尼地区年轻女孩着装，佐阿夫步兵式（En zouave）男童装，瓦卢瓦地区农妇着装；《青年日报》，1856年。

穿越时空风格着装；
孔特·卡利克斯绘；
“巴黎上流社会的雅致生活”，
《巴黎时尚报》系列版画，约1852年。

穿越时空风格着装；
孔特·卡利克斯绘；
“巴黎上流社会的雅致生活”，
《巴黎时尚》系列版画，约1852年。

左边：6~8岁女童着装，府绸罗丹格特罩袍，天鹅绒都铎式女帽（Chapeau Tudor en velours）；
中间：女士室内着装，开司米山羊绒居家连身裙，饰有立体式花边的发式；
右边：女士城市着装，塔夫绸皇后式罗丹格特女士罩袍（Redingote Impératrice），帝政风格女帽（Chapeau Empire）。
儒勒·大卫绘；
《太太和未婚女士导报》，1865年。

女童着装：天鹅绒连身裙，饰有羽毛的无边小帽；
儒勒·大卫绘；
《太太和未婚女士导报》，1865年。

左边：女士盛装，洋红色塔夫绸半身裙，白色双股加捻丝质外层半身裙，帝政风格发式；
右边：女士城市和乡间着装，绿色塔夫绸帕勒托特短外套，饰有白色塔夫绸条形装饰，同款面料连身裙，饰有燕子的女士草帽。
儒勒·大卫绘；
《太太和未婚女士导报》，1865年。

(上页)左边：女士乡间和水边活动着装，羊驼毛连身裙，饰有塔夫绸条形装饰，羊毛外套，女士草帽；
右边：女士城市着装，塔夫绸连身裙，饰有天鹅绒束状装饰，薄纱和薄花边女帽。
儒勒·大卫绘；
《太太和未婚女士导报》，1865年。

左边：女士城市着装，塔夫绸连身裙
呢绒披风，天鹅绒女帽
中间：女士城市着装，天鹅绒帕勒扌
特短外套，塔夫绸连身裙，绉纱女帽
右边：6~7岁女童着装，开司米山羊绒
连身裙和上衣，天鹅绒无边小帽
儒勒·大卫绘
《太太和未婚女士导报》，1864年

女童着装：白色开司米山羊绒帕勒托特短外套，饰有虞美人花色天鹅绒装饰，天鹅绒鸭舌帽；
卡拉什（Carrache）绘；
《未婚女士日报》，
1864年。

左边：女士水边活动着装，白色和淡紫色塔夫绸连身裙，珠罗纱上层半身裙和披肩，塔丽昂式发式（Coiffure Tallien）；
中间：女士散步着装，塔夫绸半身裙和帕勒托特短外套，女士草帽；
右边：女童着装，白色羊驼毛连身裙，俄式帕勒托特短外套，女士草帽。
儒勒·大卫绘；
《太太和未婚女士导报》，1865年。

女士城市着装；左边：塔夫绸连身裙，饰有菱形装饰；
右边：公主式连身裙，饰有黑色花边带饰，珠罗纱女帽。
儒勒·大卫绘；
《太太和未婚女士导报》，1863年。

上页）左边：女士舞会着装，金纽扣色塔夫绸连身裙，白色朱罗纱半身裙，裙边为齿状弧形剪裁，美第奇式腰封；
右边：女士开司米山羊绒舞会后穿着的披风，饰有天鹅羽毛。
儒勒·大卫绘；
太太和未婚女士导报》，1863年。

左边：女士盛装，饰有珠罗纱飞边的半身裙，天鹅绒紧身腰封，玛丽·安托瓦奈特式发髻；
中间：7~9岁女童着装，府绸连身裙，巴斯克式上衣，卷边女帽；
右边：女士城市着装，丝质连身裙，天鹅绒女帽。
儒勒·大卫绘；
《太太和未婚女士导报》，1863年。

（下页）左边：女士水边散步着装，薄纱连
身裙和帕勒托特短外套，塔夫绸衬里，亚历
山德琳娜式（Chapeau Alexandrine）女帽
中间：9岁女童着装，红色开司米山羊绒帕
勒托特短外套，蝉翼纱连身裙
右边：女士正式着装，薄纱连身裙，饰有
腊式黑色花边装饰
儒勒·大卫绘
《太太和未婚女士导报》，1863年

Ad. Goubaud, Edit^r à Paris

上页）左边：年轻女孩着装，丝绸连身裙，慕斯琳薄纱贝乐瑞短披肩，马毛女帽；
右边：女童着装，有褶饰的马海毛连身裙，蝉翼纱无袖胸衣和袖窿。
劳尔·诺埃尔绘；
《未婚女士日报》，1863年。

左边：女士阿玛佐纳骑马装，呢绒连身裙，马车夫式的上身部分，女士草帽；
中间：5岁女童着装，白色马海毛连身裙，马毛女帽；
右边：年轻女孩着装，丝绸连身裙，希腊式上衣。
劳尔·诺埃尔绘；
《未婚女士日报》，1863年。

左边：男童着装，马海毛上衣和半身裙，草帽；
中间：年轻女士着装，翡翠绿色丝绸连身裙，珠罗纱卡博特系带有褶女帽；
右边：女士旅行着装，马海毛连身裙，披风和半身裙饰有齿形装饰，女士草帽。
《未婚女士日报》，1863年。

（下页）左边：5岁男童着装，羊驼
毛宽松罩袍和长裤，草编鸭舌帽；
中间：年轻女孩着装，丝绸连身裙，
绉纱卡博特系带有褶女帽；
右边：年轻女士着装，塔夫绸连身
裙，黑色立体式花边领，马毛女帽。
卡拉什绘
《未婚女士日报》，1864年

左边：年轻女士着装，塔夫绸和天鹅绒连身裙，上身部分为瑞士式方形露肩结构，女士草帽；
右边：女士城市着装，塔夫绸连身裙，波纹下层半身裙，缎质和珠罗纱女帽。
儒勒·大卫绘；
《太太和未婚女士导报》，1864年。

左边：女士正装，塔夫绸连身裙，绸带花边大披肩，女士草帽；
右边：女士舞会和水边活动着装，白色珠罗纱连身裙，饰有黑色棕叶装饰，东方风格大披肩式腰饰。
儒勒·大卫绘；
《太太和未婚女士导报》，1864年。

Jules David
Ad Goubaud Edr à Paris

左边：女士城市着装，塔夫绸连身裙，天鹅绒女帽；
右边：女士舞会着装，珠罗纱丘尼外层短罩裙罩裙，白色塔夫绸内层半身裙，饰有珠罗纱绉泡装饰和牵牛花饰。
儒勒·大卫绘；
《太太和未婚女士导报》，1864年。

上页）左边：6~7岁女童着装，黑色天鹅绒外套，水手式女帽；
中间：女士城市着装，饰有貂毛的天鹅绒连身裙；
右边：女士舞会着装，白色塔夫绸连身裙，饰有红色天鹅绒和黑色珠罗纱，阿波罗式结状发髻（Chignon à noeud Apollon）。
儒勒·大卫绘；
《太太和未婚女士导报》，1862年。

左边：女士居家着装，开司米山羊绒居家长袍，芳崇式头巾软帽，配有珠罗纱围巾；
右边：女士舞会着装，塔夫绸连身裙，珠罗纱上层半身裙，裙边上卷，黑色天鹅绒丘尼式腰封。
儒勒·大卫绘；
《太太和未婚女士导报》，1865年。

上页）女士水边活动着装：白色塔夫绸帕勒托特短
外套和半身裙，饰有苏格兰斜格纹装饰，女士草帽；
儒勒·大卫绘；
《太太和未婚女士导报》，1864年。

苏格兰格纹风格

从19世纪20年代开始，在时尚刊物中经常会看到苏格兰格纹饰带、苏格兰格纹小阳伞、系腰钱袋和贝雷帽。但事实上，是因苏格兰格纹对儿童服装的影响，才使其在女装服饰上开始被大量应用，并在法兰西第二帝国时期，迎来史无前例的大流行。

在这之前，英国的维多利亚女王希望重整英国海军，于是就要求皇家小王子们也穿上海军服。苏格兰格纹花呢裙也有着类似的经历：自苏格兰回归英国统治后，英国女王为了促进苏格兰传统文化的传承，实施了支持其纺织工业发展的政策，同时也将著名的苏格兰格纹花呢裙引入了王室成员的衣橱，以此彰显其政治意图。时尚刊物抓住机会刊登了很多英国王室的照片，上面的小王子们就穿着那苏格兰高地的传统服装。

在这之后，巴黎的太太们急忙给她们的孩子们从头到脚配置了同样风格的行头：从上衣、罩衫、连身裙，到腰带和长裤全有苏格兰格纹，而苏格兰格纹花呢裙则只有在需要乔装打扮时才会用到而这些母亲们自己在使用苏格兰格纹时则必须符合19世纪的着装标准。《家庭博物馆》杂志在1858年5月刊上明确写道："即使是简单的女士城市着装也在大量地使用苏格兰格纹塔夫绸面料。"《未婚女士日报》也在1868年1月刊上强调："黑白色的苏格兰格纹用在丧葬事务上可以显得非常体面。"

男童着装：饰有天鹅绒的上衣，带有英式刺绣的长裤和衣领；A·德·塔维尔纳绘；《未婚女士日报》，1853年。

~9岁女童着装：饰有苏格兰斜格纹的府
绸连身裙，巴斯克式上衣，卷边女帽；
儒勒·大卫绘；
太太和未婚女士导报》，1863年。

女士城市着装：苏格兰格子花呢圆形
大斗篷，塔夫绸连身裙，天鹅绒女帽；
儒勒·大卫绘；
《太太和未婚女士导报》，1863年。

伽之蓝奢侈新品商店出售的服装：
古托特女士（Mme Coutot）缝制的帽子，
里昂风格（Lyon）的流苏和绸带装饰，
塔维尼尔钢白色衬裙
（Sous-jupe acier Tavernier）。
孔特·卡利克斯绘；
《巴黎时尚报》，1863年。

从苏格兰格纹塔夫绸连身裙、外套、罗丹格特女士罩袍，到以苏格兰格纹塔夫绸饰边的帕勒托特短外套和半身裙，还有苏格兰格纹府绸女士拜访套装，再加上用格纹面料剪裁而成的女童服装，苏格兰格纹风格渗透到了女士日间着装的方方面面，或起到点缀的装饰效果，或被整衣片使用，从此再也没有离开过时尚的大舞台，它既代表了制式性的儿童服装，又成了舒适雅致的象征，这就是后来人们所说的B.C.B.G.风格[1]！

[1] B.C.B.G.风格：即Bon chic, bon genre风格，英文翻译为“Good style, good class”。——译者注

（上页）女士城市着装：波纹连身裙，饰有水貂毛的天鹅绒外套，天鹅绒女帽；
拉古列尔（Lacourière）绘；
《未婚女士日报》，1867年。

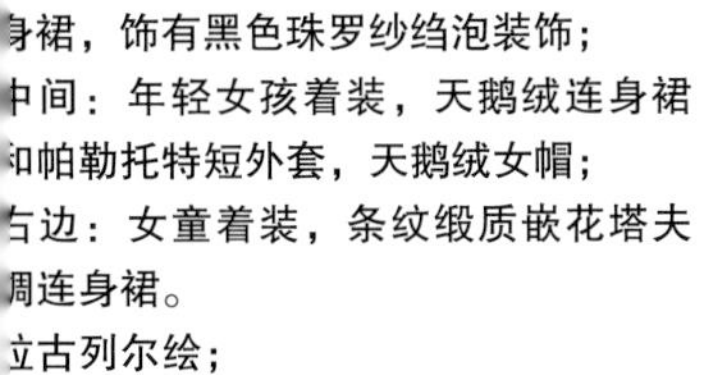
左边：年轻女士着装，缎质公主式连身裙，饰有黑色珠罗纱绉泡装饰；
中间：年轻女孩着装，天鹅绒连身裙和帕勒托特短外套，天鹅绒女帽；
右边：女童着装，条纹缎质嵌花塔夫绸连身裙。
拉古列尔绘；
《未婚女士日报》，1867年。

左边：女士城市着装，府绸帕勒托特短外套和连身裙，女士草帽；
中间：女士会客着装，蓝底慕斯琳薄纱连身裙，围巾式腰饰；
右边：女童着装，苏丹式连身裙，水手帽。
拉古列尔绘；
《未婚女士日报》，1867年。

灰色丝绸连身裙，饰有黑色塔夫绸带饰，双层袖篷帕勒托特短外套，两条向后垂下的肩带缝于肩部；阿娜依丝·图度兹绘；《时尚画刊》，1867年。

淡紫色塔夫绸内层连身裙，饰有褶状裙角装饰，
黑色塔夫绸低胸外层连身裙，中世纪风格长袖；
爱洛依丝·乐鲁尔绘；
《时尚画刊》，1867年。

（上页）绿色缎质内层连身裙，银灰色波纹外层连身裙，上装穗状流苏饰边，长袖篷衬里为绿色缎质；
阿娜依丝·图度兹绘；
《时尚画刊》，1867年。

英式蓝天鹅绒女士套装，卡萨克（Casaque）大袖口紧身外套，衬裙以刺绣装饰的缎子饰边，卷边天鹅绒女帽；
阿娜依丝·图度兹绘；
《时尚画刊》，1867年。

缎质婚礼连身裙，珠罗纱肩带以玉石浮雕装饰固定于肩部，于胸前交叉并系于左臂下，饰有带玉石浮雕装饰的细头带发饰；
爱洛依丝·乐鲁尔绘；
《时尚画刊》，1867年。

（下页）左边：亮黄色宽条纹白色丝绸连身裙，饰有亮黄色塔夫绸齿状装饰；右边：蓝色塔夫绸连身裙，外罩白色慕斯琳薄纱罩袍，上身部分为华托式，配有玛丽·安托瓦奈特式菲须小方巾。
阿娜依丝·图度兹绘；
《时尚画刊》，1867年。

（下页）带褶状飞边的丝绸内
连身裙，带华托式褶饰的丝绸
层连身裙，蝴蝶结饰
阿娜依丝·图度兹绘
《时尚画刊》，1869年

白色橙色相间的条纹连身裙，上身部分饰有多层结饰，喇叭袖口饰有慕斯琳薄纱和花边，带褶饰的丘尼外层短罩裙，腰带作为布夫腰臀垫；阿娜依丝·图度兹绘；
《时尚画刊》，1869年。

罗缎连身裙，带黑色花边的丘尼外层短罩裙，在三条长带上饰有连续的绿色蝴蝶结；
爱洛依丝·乐鲁尔绘；
《时尚画刊》，1869年。

左边：饰有飞边的蓝色丝绸内层连身裙，外罩条纹薄纱丘尼外层短罩裙，臀部褶饰作为布夫腰垫；右边：女士轻丧服：灰色府绸连身裙，黑色丝绸成衣上装，有燕子装饰的圆形女帽。
爱洛依丝・乐鲁尔绘；
《时尚画刊》，1869年。

灰色罗缎连身裙，双绉纱亮蓝色紧身胸衣式丘尼外层短罩裙，饰有穗状装饰，侧部有结状褶饰；阿娜依丝·图度兹绘；《时尚画刊》，1869年。

（下页）灰色丝绸连身裙，黑色开司米山羊绒成衣上装后部收腰，饰有大片花边爱洛依丝·乐鲁尔绘《时尚画刊》，1869年

969
Imp. Mariton.

上页）左边：带有齿状飞边的白色慕斯琳薄纱连身裙，丘尼外层短罩裙；
中间：饰有绉泡装饰的天蓝色双股加捻丝质半身裙，慕斯琳薄纱短披肩；
右边：塔夫绸连身裙，开司米山羊绒丘尼外层长罩裙。
《家庭顾问》(Le Conseiller des familles)，1869年。

左边：灰色双股加捻丝质连身裙，黑色塔夫绸成衣上装，芳崇式头巾装饰；
右边：绣球花粉色丝绸连身裙，丘尼外层短罩裙，草编牧羊女式无边帽；
爱洛依丝·乐鲁尔绘；
《家庭顾问》，1869年。

童装（从左至右依次为）：石榴红开司米山羊绒套裙，黑色天鹅绒男童套装，蓝色丝绸连身裙和白色呢绒瓦莱斯上衣（Vareuse），条纹羊毛连身裙，樱桃红丝绸衬裙和灰色丝绸丘尼外层短罩裙，灰色呢绒套装，灯笼裤和蓝色轻骑兵式府绸罩衫；阿娜依丝·图度兹绘；《时尚画刊》，1869年。

法兰西第三共和国临时政府时期(1870—1875)和温和派执政时期(1875—1888)的服装和服饰

假臀和布夫腰臀垫年代

假臀和布夫腰臀垫年代

L

极尽夸张的服装服饰风格不可避免地出现了断裂，其威力将一种崭新的款式推到了台前。我们在此见证了走下坡路的克里诺林裙撑和新兴的图尔努尔衬垫式连身裙（Robe à tournure）间令人惊奇的变迁。1867年间，克里诺林裙撑的体量大幅缩小，膨大的裙围变成了圆锥形。1868年的《未婚女士日报》将最初几次试图放弃穿着这种带圈衬裙的情形记录了下来："这些笼型裙撑太窄了，底部只有两到三个簧片连接。有人根本就没穿它，但是毕竟是少数而且显得有些反常。"1869年开始流行置于腰部的布夫腰臀垫（Poufs），也没能让克里诺林裙撑的支持者满意。《时尚画刊》的著名编辑艾米琳·雷蒙德（Emmeline Raymond）在1869年11月28日的刊面上为图尔努尔衬垫摇旗助威："本刊的读者将会收到图尔努尔衬垫剪裁纸样，以便制作舞会连身裙。这次的图尔努尔衬垫配有层叠飞边，能够很好地支撑裙身，是时下流行的款式。人们有时会说我们不再穿克里诺林裙撑了，怎么所有的服装还和前些年一样膨胀和庞大……如果仍要穿克里诺林裙撑，那也要配上图尔努尔衬垫。"在1870年1月2日那期刊物里，艾米琳·雷蒙德继续说道，"克里诺林裙撑的对手们占了一点上风，因为它们既轻又巧且方便穿脱。舞会裙装这边，麦尔维耶兹们弃用了克里诺林裙撑，用三至四层的衬裙来代替它，这些衬裙用挺括的慕思琳薄纱制成，每扇裙片从腰部到裙尾全部装上飞边。"制造商们每周都会推出数量庞大的创新产品。在1870年1月9日那期刊物中，这位专栏编辑说已经在"位于福布尔·普瓦松尼尔街（Rue du Faubourg-Poissonnière）27号的福莱德利夫人工坊（Chez Mme Fladry）见到了一种新型的图尔努尔衬垫，今后可以称为半扇克里诺林裙撑（Demi-crinoline）。这实际上是去除克里诺林裙撑前部裙片，只保留其后半部，把钢制簧片造型成图尔

努尔衬垫膨大的样子。”归根结底，艾米琳·雷蒙德认为，布夫腰臀垫、丘尼外层短罩裙等那些与克里诺林裙撑站在对立面的笨拙的服装配饰和配件将会赢得最后的胜利……

克里诺林裙撑搭建起的穹顶就这样一块块地崩塌了。紧随其后，帝国制度也分崩离析：在1870至1871年的战争中，拿破仑三世在色当（Sedan）成为普鲁士人（Prussiens）的阶下囚，这一事件加快了第二帝国的覆灭。1875年，在临时政府的过渡后，法兰西第三共和国（La Ⅲ^{e} République）宣告成立。这是19世纪的法国执政最长的政体，那在服装和服饰方面也会趋于稳定吗？这可真不一定……

一直以来，每当政治上有风吹草动，人们的穿着也开始摇摆不定。从1875年开始，这种变化的进程加快了，氛围却一反常态，变得平静而无忧。诚然，世纪末的心境肯定会对女装款型的变化产生影响，但对流行样式的定义却被另外一个现象所左右，那就是服装生产手段和销售手段上的多样化。新兴的高级定制行业必须重视成衣业，成衣业在性能越来越好的机器的协助下得到了飞跃式的发展，其制作的服装在巴黎大百货商店进行销售。虽然19世纪的宫廷服饰风格曾经风靡精英阶层，但在民主之风的重要影响下，为精英阶层独享的时尚大戏很快将要落幕，从此，时尚对中产阶级来说也是触手可及。

1878年在巴黎成功举办的世界博览会让全世界看到，年轻的法兰西共和国又重新回到了世界经济强国的位置。重新稳定的政治局面对闲适阶层、社交活动和正式会客活动的充分发展起到了促进的作用。上流社会的文明习俗也同样适用于金钱的世界。被称为“半上流社会的女人”（Demi-mondaine）的新型女性出现了，她们有些是有名的戏剧演员，有些是凭魅力和姿色上位的新贵。自从

左边：女士观看戏剧着装，金栗色缎质连身裙，玛丽·安托瓦奈特式薄纱非须方围巾；
右边：女士舞会和观看戏剧着装，第一层是白色缎质半身裙，第二层是玫瑰叶色塔夫绸半身裙，黑色花边宽绶带托着布夫臀垫。
A·查伊特（A. Chaillot）绘；
《时尚杂志》（La Revue de la mode），1874年。

王后不再执掌时尚大权后，这些新生的时尚领袖的影响力具有了决定性。没有了宫廷生活，上流社会缩回他们的府宅，即使仍有人在举办大型舞会，但也没了帝国时期的风采。人们开始热衷于在自己的府宅举办招待会和宴请，这一变化使人们的着装相对简化了一些。这种简化表现在：在同一天中更换服装次数的减少，随之也减少了枯燥乏味又费事的更衣的次数；被称为“会客用的”连身裙，通常为黑色，可以从茶点时刻一直穿到傍晚，省去了之前习惯在晚餐前的换装。专为旅行设计的男士西服式套裙（Costume façon tailleur）成为日常的城市着装，因其舒适性和便捷性得到女士们的一致好评。但是这种简化的趋势却丝毫没能减少服装上的装饰物。1870~1885年，“织幔”风格（Style“tapissier”）在女装中大为流行，让人联想到了室内装饰里那些厚重的帷幔和墙饰织物，上面装饰着大量的穗状和橡子状流苏。膨出的图尔努尔衬垫加上大量的装饰物，这样超载的效果就是第三共和国时期流行的女装廓型。

继克里诺林裙撑之后的卷起式裙撑，其特点是使膨大的廓型移向半身裙后部。所以从侧面看上去女士们的身型就像一把椅子似的，向后突出的部分在背部最下方形成一个直角。能起到这种膨出效果的裙装配件有多种变化形式：布夫腰臀垫是在衬裙后部配上的一层层硬质飞边，还有被称为螯虾尾的半扇克里诺林裙撑……时尚刊物甚至暗示读者可以叠穿多个配件以便达到更加膨出的身型效果。1880年之前，这种强调身体后部曲线的廓型一直占据主流审美的位置，直到1876年一种新廓型的出现短暂地打断了其主导地位。这种新廓型的上身部分将上身紧裹直至臀部，整个连身裙极其贴身，并带有能够拉长身型的长裙摆。由此一来，以前用来强调后凸效果的图尔努尔衬裙就被弃用了。裁缝定制和女装成衣厂商虽然仍在“织幔”风格上大做文章，突出带褶裥的帷幔式效果，但不再膨大，裙围自然下垂，其纺锤形和

1.配有图尔努尔衬垫和双层飞边的克里诺林裙撑；
2.配有克里诺林裙撑、图尔努尔衬垫和飞边的衬裙；
3.配有克里诺林裙撑和图尔努尔衬垫的衬裙；
4.配有图尔努尔衬垫的克里诺林裙撑；
5.配有硬环支撑的图尔努尔衬垫。
《时尚画刊》，1870年。

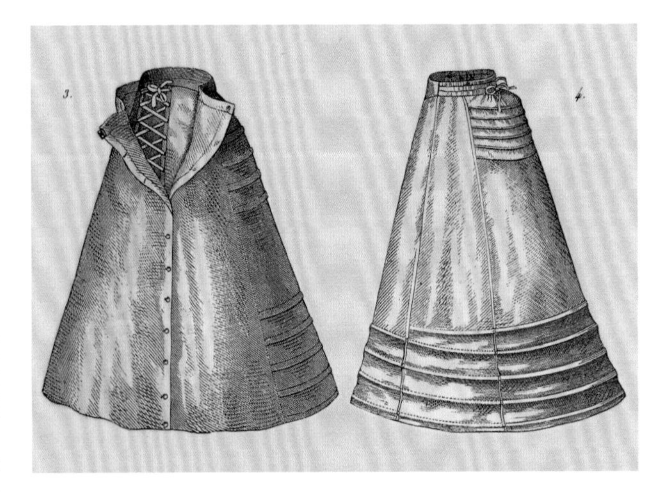

凹肚型的廓型居然有点19世纪清教主义的感觉。还有几个细节让人觉得很有意思：舞会裙装的上身部分很自然地重新启用了紧身胸衣式的剪裁；半身裙和衬裙之间的界限模糊，很难分辨。到底是外穿还是内衬？虽然有些混乱不清，但没有了那些增添膨胀效果的配件，女性却别样的迷人了。

然而，图尔努尔式裙撑并没有完全断气……它甚至在1882年以更加膨出的效果卷土重来，这就是斯特拉蓬丁裙撑（Strapontin）。斯特拉蓬丁裙撑的裙环由绞合在一起的钢箍制成，其原理和顶篷可折叠的童车类似，给女士出行提供了很大的便捷性，尤其是让她们入座更方便！连身裙的裙摆消失了，半身裙的裙角提高了，露出了娇小雅致的高腰皮鞋。尚古主义仍在流行，人们从路易十四治下流行的科利亚德连身裙（Criarde）上，借鉴了腰部的帷幔式效果。从取之不尽用之不竭的“织幔”风格借鉴而来的厚

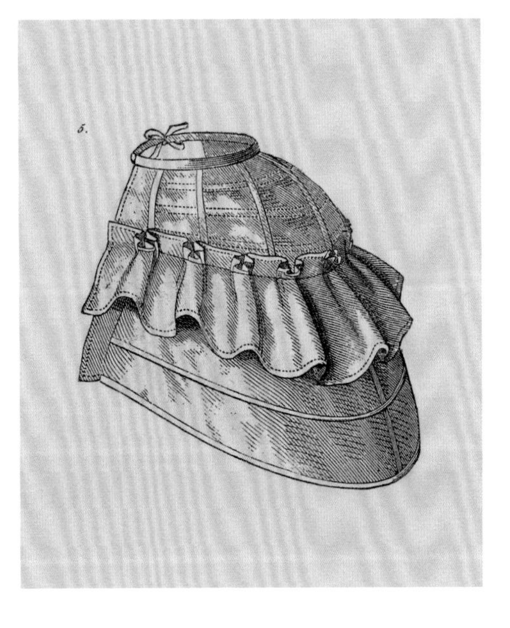

（下页）女士城市着装；
G·高南（G. Gonin）绘；
《雅致法国》，1885年。

重的面料和装饰物的堆积，是这个时期廓型的特点。此外，如果说高级定制提供的是上流社会女性社交生活的整套服装的话，那大百货商店则将货品扩大到日常穿着的服装，还有运动装！那里销售的男士西服式套裙被用来作为女士城市日常活动服装，卡什·普赛尔外套（Cache-poussière，直译为遮挡尘土）用在乘坐火车旅行时穿着，灯笼过膝短裤用来骑自行车时穿着，甚至还有专为游海泳而设计制作的海泳套装，这项活动在当时可是非常的流行……

正当紧身胸衣和庞大半身裙这种有着近四百年传统的着装仍旧紧裹女性身体的时候，男装却一下子进入了现代……在19世纪后50年的时间里，男士主要穿着以下三种服装：雅阁特礼服、罗丹格特礼服和三件式套装（上装、马甲和长裤）。窄后下摆礼服只在晚间特别正式的场合穿着；罗丹格特礼服虽然一直流行，但在19世纪末走向了衰落；而折叠式高顶大礼帽始终与整套服装进行搭配。在英国的影响下，西服上装走进了男士们的衣橱，但还仅限于在私人府宅中穿着，要搭配一条不同花色的长裤。同一面料制作的男士三件式套装在1870年后开始流行。从最初只能在上午穿着，或是去市外度假和旅行时穿着，很快成为广受男士认可的城市着装，可以在多种场合穿着，和20世纪的男士西服三件套形制越来越接近了。十年后，无尾礼服（Dinner-jacket），也叫作吸烟装（Smoking）很快加入了现代男装阵营。无尾礼服最开始只在私人俱乐部或是乡间别墅穿着，从20世纪初开始成为男士的正式着装。

（下页）亮黄色底大花束面料的女士套装，白色慕思琳薄纱菲须方围巾，挂黑纱的丘尼外层短罩裙，带褶状饰边；阿娜依丝·图度兹绘；《时尚画刊》，1870年。

1.女士草帽；
2.阿尔古特式女帽（Chapeau d’Harcourt）；
3.督政府时期女帽；
4.克莱尔特式女帽（Chapeau Clairette）；
5.贝阿特莉丝式女帽（Chapeau Béatrix）。
《时尚杂志》，1874年。

上页）罗缎连身裙，开司米山
绒长披肩式丘尼外层短罩裙；
洛依丝·乐鲁尔绘；
时尚画刊》，1870年。

1.鼓形女帽（Chapeau timbale）；
2.艾坦普斯公爵夫人式（Duchesse d'Etampes）女帽；
3.蒙邦斯尔式女帽（Chapeau Montpensier）；
4.克里斯蒂娜式女帽（Chapeau Christiane）；
5.格拉兹艾拉式女帽（Chapeau Graziella）。
A·查伊特绘；
《时尚杂志》，1873年。

1.紫色天鹅绒女帽；
2.蓝色天鹅绒女帽；
3.浅栗色毛毡女帽；
4.褐色天鹅绒女帽；
5.灰色毛毡女帽。
《时尚杂志》，1875年。

双色条纹半身裙，饰有绿色塔夫绸辫状装饰的飞边，卡萨克大袖口紧身长后摆外套；
爱洛依丝·乐鲁尔绘；
《时尚画刊》，1870年。

（下页）左边：白色慕思琳薄纱内层连身裙，条纹丝绸外层连身裙；
中间：6岁女童着装，米黄色南京布质连身裙和丘尼外层短罩裙；
右边：灰色塔夫绸内层连身裙和丘尼外层短罩裙，红色开司米山羊绒帕勒托特短外套，喇叭袖口。
阿娜依丝·图度兹绘；
《时尚画刊》，1870年。

女士会客连身裙——小黑裙的鼻祖

在19世纪的后50年里，时尚刊物为出现在版画插图中的服装和服饰增加了很多新的命名。19世纪70年代时出现了一款特别体现当时的生活艺术和生活方式的服装，这就是“女士会客连身裙”。在第二帝国结束，第三共和国临时政府伊始的时候，上流社会的人们重新回归于他们的沙龙，盛大的舞会已经成为过去式，即便举办，也是小范围内较为简朴的舞会。在这样的背景下，女士和太太们开始向她们的友人发出“闺蜜晚餐邀请函”，会客连身裙应运而生。

罗缎和黑色天鹅绒女士会客或正餐着装，饰有粉色罗缎装饰；A·亚当（A. Adam）绘；《时尚杂志》，1873年。

女士会客着装：黑色天鹅绒连身裙，
带宽大波浪形后下摆的上装；
卡拉什绘；
《时尚杂志》，1873年。

上流社会女性在一天当中根据不同的场合和时段的需要不断地换装，反复穿穿脱脱，俨然已被服装奴役，而这款会客连身裙在这方面有着显著的进步性。起初，会客连身裙的穿着时段是下午晚些时候一直到用完晚餐，后来，它成功地将穿着时段的范围扩大，日间会客和晚间活动时均可以穿着会客连身裙。这样，女士们可以至少省去一次换装，但却给着装标准带来了一次不小的动荡……然而19世纪后的15年里，人们对普适性着装（Tout-aller）的需求更为强烈，预示了女装款式在20世纪前几十年里的大幅减少。黑色作为会客连身裙的常用色，在这里和丧葬没有任何关联性，它代表的是继承自文艺复兴时期的端正品行和贵族气质。根据当时的习俗，只有已婚妇女可以穿着这种会客连身裙，因为对于年轻女孩来说，黑色的会客连身裙会显得过于矫作和魅惑。到了20世纪20年代，加布里埃尔·香奈儿（Gabrielle Chanel）设计了以小黑裙的名称闻名于世的鸡尾酒会连身裙，而上述黑色会客连身裙正是它的鼻祖。

上页）左边：女士拜访着装，珠光天鹅绒半身裙，饰有缎饰和花边的丘尼外层短罩裙，黑色天鹅绒卡萨克大袖口紧身外套；右边：女士散步着装，黑色缎质衬裙，蓝色天鹅绒匈牙利式丘尼外层短罩裙和卡萨克大袖口紧身外套，狐狸毛饰边。
拉古列尔绘；
《时尚杂志》，1873年。

左边：女士城市着装，缎质条纹连身裙，带有长拖尾；
右边：女士晨间外出或旅行着装，褐黄色呢绒罗丹格特女士罩袍和同面料的富孀披肩。
拉古列尔绘；
《时尚杂志》，1873年。

上页）女士娱乐场着装：塔夫绸半身裙，饰有褶皱双下摆的丘尼外层短罩裙，其中下摆皱起作为布夫臀垫，搭配同款菲须小围巾；G· 高南（G. Gonin）绘；《时尚杂志》，1874年。

女士城市着装；左边：苏格兰格纹府绸套装，路易十五式上衣；右边：褐色西西里式套装，饰有飞边的黑色罗缎衬裙，红色罗缎结饰，紧身帕勒托特短外套。G· 高南绘；《时尚杂志》，1874年。

（下页）女士会客着装：亮灰色细亚麻布质丘尼外层短罩裙，后部褶起作为布夫臀垫，上装饰有立体浮雕式花边和蓬边《时尚杂志》，1874年。

女士舞会着装；
A· 内洛东（A. Néraudon）绘；
《雅致法国》，1874年。

女士城市着装；
A· 内洛东绘；
《雅致法国》，1874年。

女士娱乐场着装；左边：淡紫色塔夫绸连身裙，丘尼外层短罩裙后部被亮黄色罗缎腰带卷起，作为布夫臀垫；右边：饰有飞边的浅栗色丝绸半身裙，灰色罗缎丘尼外层短罩裙。
拉古列尔绘；
《时尚杂志》，1873年。

女士会客着装：黑色罗缎半身裙，玫瑰叶色双绉纱丘尼外层短罩裙，后部系起，上装后摆开衩；《时尚杂志》，1874年。

左边：女士城堡着装，露易丝蓝（Bleu Louise）塔夫绸衬裙，提花丘尼外层短罩裙，蓝色塔夫绸围巾式腰饰，向后系起作为布夫臀垫；右边：女士拜访着装，阿尔及利亚本色面料连身裙，粉色塔夫绸丘尼外层短罩裙。E·布拉盖特（E. Bracquet）绘；《时尚杂志》，1873年。

女士城市着装；
A·内洛东绘；
《雅致法国》，1875年。

女士城市着装
A·内洛东绘
《雅致法国》，1875年

女士城市着装；
E·提雷翁（E. Thirion）绘；
《雅致法国》，1875年。

女士室内着装；
《雅致法国》，1875年。

女士室内着装；
A· 内洛东绘；
《雅致法国》，1875年。

左边：3岁男童着装，蓝色细亚麻布连身裙，饰有英式刺绣装饰；
中间：女士拜访着装，褐色罗缎半身裙，本色细亚麻布上装和围裙，饰有刺绣装饰；
右边：女士会客着装，蓝色罗缎半身裙，白色慕思琳薄纱丘尼外层短罩裙，饰有结状装饰。
A·桑多兹（A. Sandoz）绘；
《时尚杂志》，1875年。

左边：女士外出着装，府绸连身裙，主教紫天鹅绒波兰风格外套，毛丝鼠皮饰边，易莎博式袖（Manches Isabeau）；
右边：女士徒步旅行和散步着装，黑色天鹅绒半身裙，搭配浅栗色呢绒丘尼外层短罩裙和多尔曼式上衣，带有盘花装饰。
拉古列尔绘；
《时尚杂志》，1873年。

左边：年轻女孩着装，灰色府绸连身裙，带褶饰的丘尼外层短罩裙，天鹅绒上衣，亨利三世女帽；
中间：7~8岁女童着装，白色开司米山羊绒连身裙，粉色罗缎腰饰；
右边：女士散步着装，马海毛连身裙，翡翠绿色天鹅绒帕勒托特短外套。
《时尚杂志》，1873年。

莫里哀式女鞋（Soulier Molière）;
《时尚杂志》，1881年。

条带式女鞋；
《时尚杂志》，1881年。

裹缚式（Pardessus）高腰女靴；
《时尚杂志》，1881年。

黑色缎质女鞋；
《时尚杂志》，1881年。

英式女鞋；
《时尚杂志》，1881年。

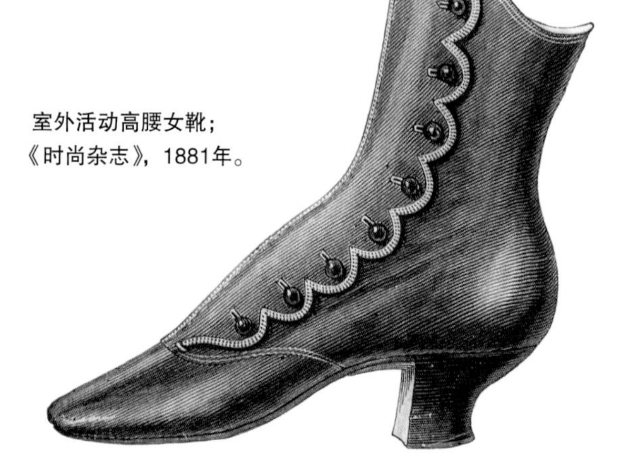

室外活动高腰女靴；
《时尚杂志》，1881年。

缎质女鞋；
《时尚杂志》，1881年。

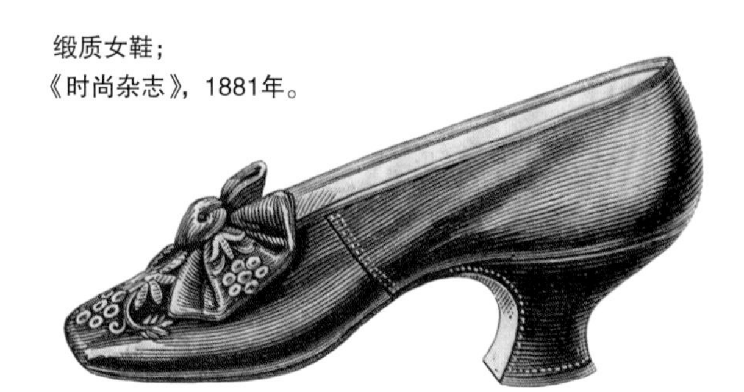

女士典礼着装：水獭皮色缎质和天鹅绒连身裙，波尔多地区克拉蕾特（Velours claret）天鹅绒雷兹欣斯卡式帕勒托特短外套（Paletot Leszczinska），毛皮饰边；《时尚杂志》，1873年。

左边：女士正餐或观剧着装，粉色塔夫绸连身裙，丘尼外层短罩裙，饰有黑白色相间的薄花边；
右边：女士会客着装，灰蓝色罗缎连身裙，胸甲式上装（Corsage-cuirasse）和天鹅绒围裹式臀部装饰。
《时尚杂志》，1874年。

（下页）女士会客着装：灰蓝色和石榴红色开司米山羊绒套装，胸甲式上装宽大斜裁下摆
A·桑多兹绘
《时尚杂志》，1875年

抽绳提手包；
《时尚画刊》，1867年。

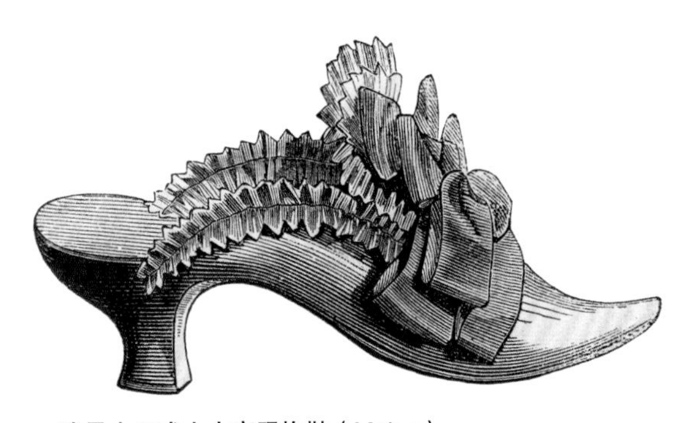

路易十五式女士高跟拖鞋（Mules）；
《时尚杂志》，1874年。

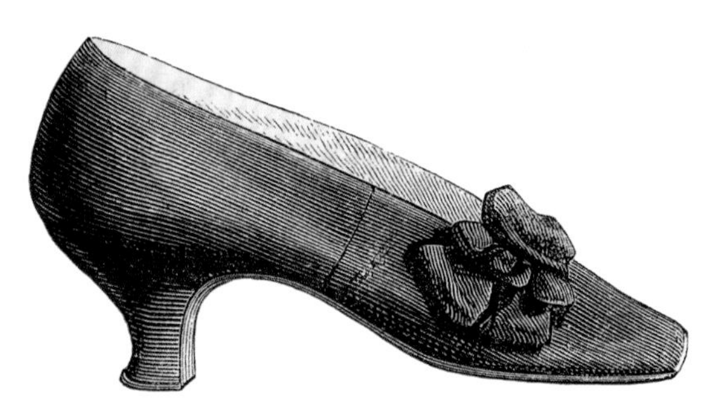

晚间活动女鞋；
《时尚杂志》，1874年。

（上页）女士舞会着装：塔夫绸衬裙，外罩带褶饰的珠罗纱，天鹅绒上装，塔夫绸和珠罗纱玫瑰花饰；《时尚杂志》，1872年。

海泳套装

在19世纪下半叶，得益于铁路的发展，下海游泳成为一项非常时髦的活动。当时的海边度假胜地是备受欧仁妮皇后推崇的比亚里茨（Biarritz）和图凯（Touquet）。最初，游海泳是富贵精英阶层的特权，之后才逐渐扩大到资产阶级的各个阶层。

海滩上有牵引篷车可以充当雅致女士们的更衣间，能一直把她们送到海边，她们通过专用的梯子直接走入海水中，以避免被人看到。女士们在进行海泳活动时，最基本的要义就是要尽可能地少露出皮肤，以保持她们完美的雅致仪态。因此，海泳套装必须由两件以上的服装搭配而成。

从左至右依次为：海泳浴衣，海泳套装，女童海泳套装；《时尚杂志》，1873年。

4~6岁儿童海泳套装；
《时尚杂志》，1875年。

（下页）女士沙滩着装；
E·提雷翁绘；
《雅致法国》，1875年。

海泳套装；
《时尚杂志》，1889年。

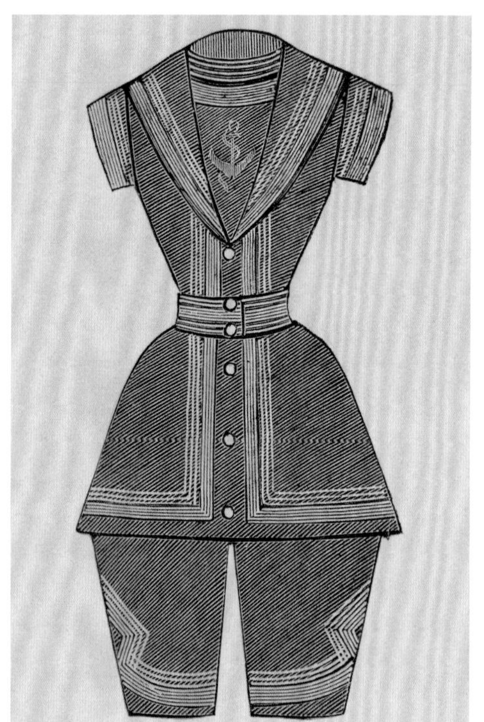

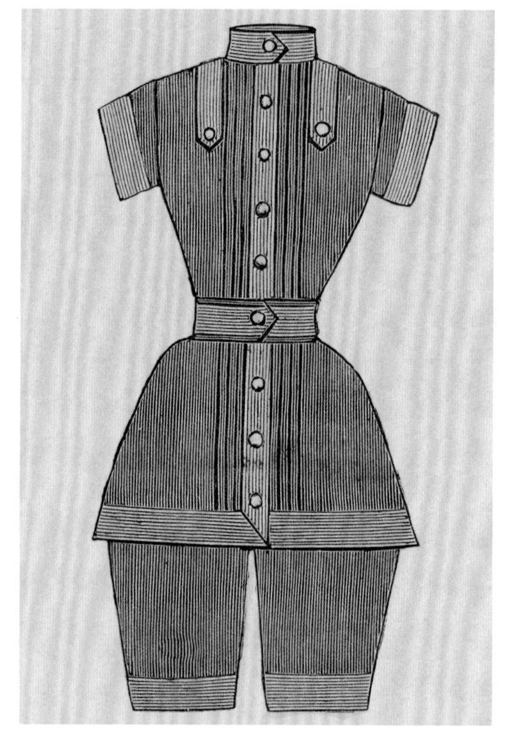

“正当海泳套装流行之际，我们认为就此说几句非常有必要。……海泳套装必须使用黑色或海蓝色的哔叽或是平针面料，在任何情况下都绝对不可以使用如红色和白色这样一旦浸湿就会透光的浅色面料，如果出现这样的情况，那可真算得上是一场灾难。今年的新款是俄式短罩裙，腰间有绣饰，下身配长裤，像水手服一样，绣着船锚的大领搭配条纹普拉斯通前襟装饰，我们认为这个设计非常成功。如果是丰满一些的女士，可以巧妙地内穿一件珠罗纱或是网格的轻型紧身胸衣，对于即使在海中也想彰显其苗条身材的女士，也非常适合穿上这款海泳套装。

脚上要穿戴芦荟胶底或是细绳底的系带半筒鞋，穿上黑色高筒袜也是非常不错的选择。围上丝质的马尔默特防水头巾对保护头型来说是很明智的做法。最后一点我们给出的建议是，一定要外披一件配有俄式饰带的法兰绒长浴袍，或是穿一件比利牛斯地区（Pyrénées）白色面料缝制的罗丹格特罩袍，直到下水的时候再脱掉，这样不仅能抵御海风，还能避免被旁人嚼舌根，躲过他们窥探的眼光。”

《时尚画刊》，1891年8月2日。

（下页）女士室内着装
《艺术时尚》，1879年。

女士晚间聚会着装；
《艺术时尚》(*La Mode artistique*)，1880年。

上页）女士舞会着装；
· 内洛东绘；
雅致法国》，1877年。

配有口袋的公主式丘尼外层短罩裙，布夫臀垫饰有蝴蝶结；
A· 内洛东绘；
《雅致法国》，1877年。

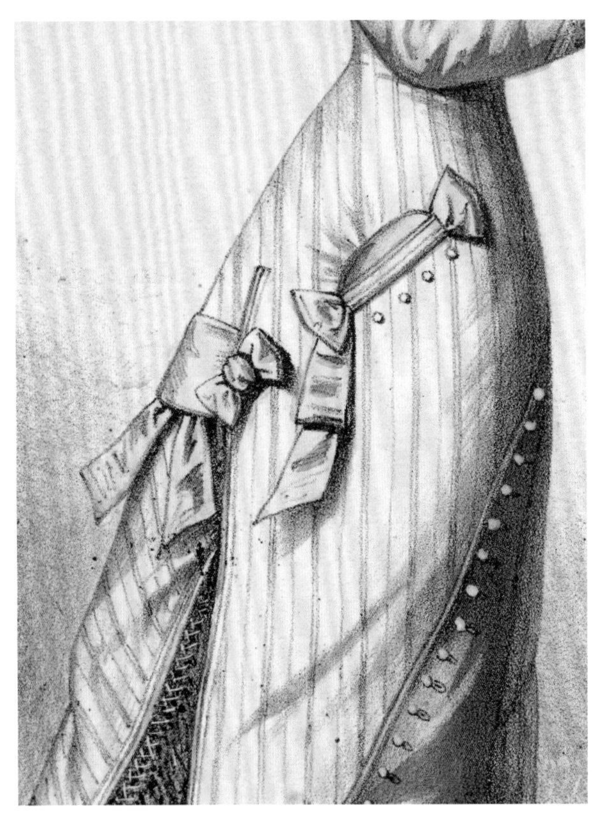

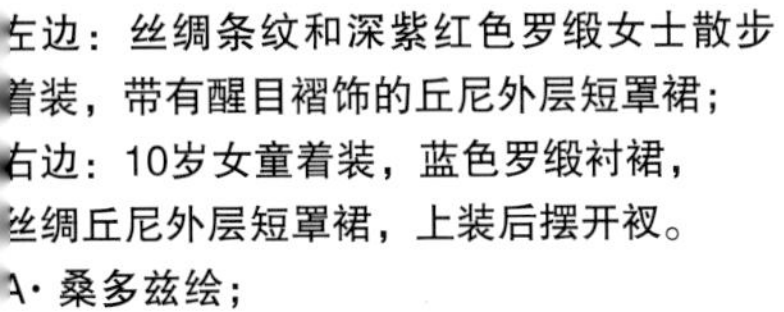

左边：丝绸条纹和深紫红色罗缎女士散步着装，带有醒目褶饰的丘尼外层短罩裙；
右边：10岁女童着装，蓝色罗缎衬裙，丝绸丘尼外层短罩裙，上装后摆开衩。
A· 桑多兹绘；
时尚杂志》，1876年。

长下摆上装，饰有宽褶和长飘带结饰的布夫臀垫；
A· 内洛东绘；
《雅致法国》，1877年。

（下页）女士正餐着装
《艺术时尚》，1879年

女士舞会着装；
《艺术时尚》，1878年。

女士散步着装；
《艺术时尚》，1877年。

女士会客着装；
《艺术时尚》，1878年。

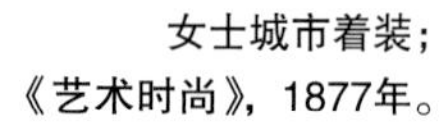

女士城市着装；
《艺术时尚》，1877年。

上页）女士室内着装；
艺术时尚》，1878年。

女士正餐或观剧发式（正面和背面）；
《时尚杂志》，1873年。

女士舞会着装；
A· 内洛东绘；
《雅致法国》，1877年。

女士散步着装；
A· 内洛东绘；
《雅致法国》，1877年。

(下页)女士城市着装
《时尚杂志》，1880年

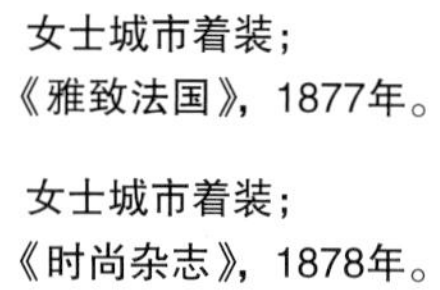

女士城市着装；
《雅致法国》，1877年。

女士城市着装；
《时尚杂志》，1878年。

女士旅行着装；左边：罗缎和开司米山羊绒套装；右边：罗缎套装。《时尚画刊》，1877年。

女士旅行着装；
《时尚杂志》，1877年。

上页）女士观看赛马着装；
时尚杂志》，1877年。

女士城市着装；
《时尚杂志》，1877年。

（下页）女士旅行着装
《时尚杂志》，1878年

女士城市着装；
《时尚杂志》，1879年。

女士散步着装；
《时尚杂志》，1879年。

女士观看赛马着装；左边：淡粉色罗缎公主式连身裙，网格状丘尼外层短罩裙；右边：象牙色罗缎和绢丝连身裙，饰有红色罗缎腰饰的丘尼外层短罩裙。
G·高南绘；
《时尚杂志》，1876年。

“准确地说，公主式连身裙是一片式裁剪方式，从上到下，从脖颈一直到脚面，不带任何的装饰和配件，正是这种庄严的简洁让它获得了公主式连身裙的称谓。”

《时尚画刊》，1877年7月29日。

公主式连身裙

1850年后的连身裙原则上被裁剪成两部分，即上身部分和下身裙部分。事实上，是因为逐渐膨胀起来的连身裙裙围让穿脱连身裙变得非常不方便，这才把连身裙的上身部分和下身部分分开来剪裁和缝制。

早在18世纪40年代时就有公主式连身裙了（参见227页的插图），其一片式的结构让服装的整体廓型显得统一和修长。可是矛盾的是，它不合时宜地出现在女装裁剪复杂化的裙装年代，在女装裁缝的努力下，裙装变得越来越膨胀……

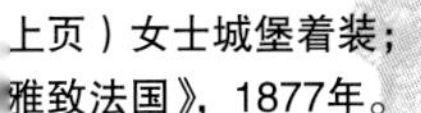

上页）女士城堡着装；
雅致法国》，1877年。

女士会客着装；
A·内洛东绘；
《雅致法国》，1877年。

1867年，当克里诺林裙撑的体量缩减而变成圆锥型的时候，公主式款型才终于适应了裙装的新廓型。然而短短三年后，图尔努尔衬垫取代了克里诺林裙撑，布夫臀垫又接了图尔努尔衬垫的班。公主式丘尼外穿短罩裙在裙装上下半身分离的原则下，继承了18世纪40年代时的公主式连身裙。而当“织幔”风格盛行的时候，1877年7月29日《时尚画刊》对公主式款型的变化表示了担忧：“现在的公主式裙装真是有些暴发户公主、机遇型公主或是花哨型公主的感觉了。裙装前身把褶饰、花边、饰带全都用上了……”

虽然公主式裙装的简洁性有时会被过多的装饰物所抹去，但其一片式的款型却穿越过“美好年代”，演变成为20世纪20年代的“一片式”连身裙、30年代的紧身裙，更确切地说，公主式裙装就是现代连身裙的先行者。

（下页）左边：女士舞会着装，金黄色缎质连身
裙，黑色薄纱裹裙由红色玫瑰花饰固定在裙围上；
右边：女士正餐着装，森绿色缎质连身裙，宽大
的褶饰拖尾，上装带礼服式长下摆；
E·雪福尔（E. Cheffer）绘；
《时尚杂志》，1882年。

绿色呢绒搭配丝质嵌花裙装：丘尼外层短罩裙，
臀部褶饰作为帕尼尔臀垫，上装下摆呈尖状；
A·桑多兹绘；
《时尚杂志》，1881年。

黑色平纹布和条纹面料连身裙，裹缚式罩裙，公主式上装，尖翻领；E· 雪福尔绘；《时尚杂志》，1881年。

教士紫天鹅绒公主式上装；
A·桑多兹绘；
《时尚杂志》，1881年。

（下页）女士城市着装
《雅致法国》，1885年

女士城市着装；
《雅致法国》，1880年。

女士散步着装；
《雅致法国》，1880年。

上页）女士乡间着装：蓬巴杜丝绸波
兰式丘尼外层短罩裙，下摆带有褶饰；
A·桑多兹绘；
《时尚杂志》，1882年。

女士乡间着装；
G·高南绘；
《雅致法国》，1885年。

女士拜访着装；
《雅致法国》，1881年。

（下页）女士舞会着装
G· 高南绘
《雅致法国》，1884年。

女士晨间着装；
G· 高南绘；
《雅致法国》，1885年。

上页）女士旅行着装；
G· 高南绘；
雅致法国》，1885年。

左边：天鹅绒女帽；
右边：饰有羽毛的无边女帽。
《未婚女士日报》，1880年。

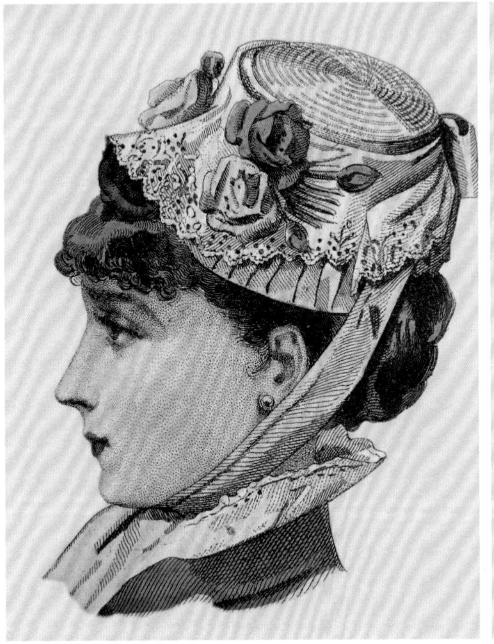

饰有花朵的草帽；
《未婚女士日报》，1880年。

开司米山羊绒女士舞会后外套。
《未婚女士日报》，1881年。

威斯特披风外套

威斯特披风外套（La visite）是一款日间穿着的外衣，也可以作为晚间舞会后的穿着，它归属于外套（pardessus，而“manteau”一词直到美好年代前都还没有如今作为“大衣”的意思，当时指的是披风外套）的范畴。威斯特披风外套最早出现于19世纪40年代，它是曼特雷无袖短外套（Mantelet）和开司米山羊绒大披肩的集合体，后者当时又重新变得非常流行。威斯特披风外套有些像宽大一些的披风，衣身前片有供小臂伸出的开口。

（下页）女士城市着装；
G·高南绘；
《雅致法国》，1885年。

（上页）女士舞会着装；左边：带绉泡装饰的珠罗纱和白色缎质连身裙；中间：威斯特披风外套式的女士舞会后着装，开司米山羊绒质地背部宽松带宽褶，收于边饰，“威斯特式”袖窿饰有蓬边；
右边：带边饰的粉色罗缎连身裙。
《未婚女士日报》，1881年。

然而，威斯特披风外套在克里诺林裙撑时代离开了女士们的衣橱，因为与之相比，女士们更青睐一种用料更为宽裕的外套，更适合盖住宽大的半身裙，使整套服装款型呈金字塔形。从图尔努尔衬垫广为流行的19世纪70年代开始，威斯特披风外套又重新获得女士们的喜爱，并采用了一种新颖的剪裁方式。我们可以说这是披风和外套的结合体，线条优美，有款有型，上身像被模子固化了一样，只有小臂可以伸出。1886年4月1日的《未婚女士日报》是这样定义这款广受喜爱的外套的：“这是一款更短的曼特雷短外套，后身收腰显得背部曲线优美，从后面能看到的袖窿轮廓最后消失在布夫臀垫的位置。”穿上威斯特披风外套的女士们像是被襁褓包裹起来的婴儿，动弹不得，是19世纪女性被社会和道德禁锢的象征。

最终，威斯特披风外套被认作是能够代替开司米山羊绒大披肩的服装。当年约瑟芬皇后（拿破仑的妻子）就穿用开司米山羊绒面料制作的连身裙装，这种羊绒珍贵、稀有、质轻又保暖。而德意志第三共和国时期的威斯特披风外套，使用的就是这种优质的开司米山羊绒面料。

女士城市着装；
《艺术时尚》，1878年。

女士城市着装；
《雅致法国》，1885年。

女士城市着装；
G· 高南绘；
《雅致法国》，1884年。

（下页）女士室内着装；
G· 高南绘；
《雅致法国》，1883年。

女士拜访着装；
G· 高南绘；
《雅致法国》，1885年。

（上页）女士观看赛马着装；
《雅致法国》，1885年。

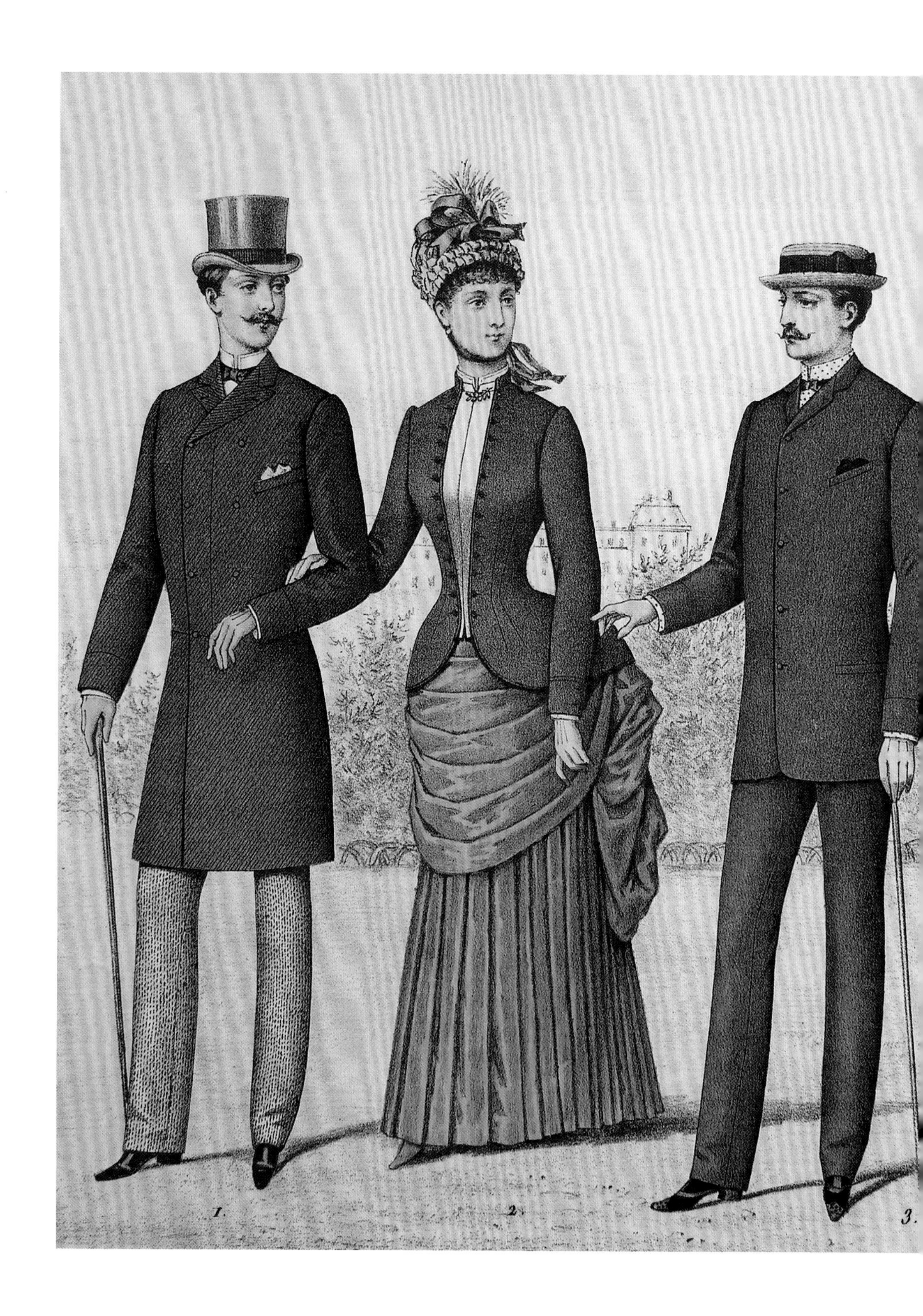

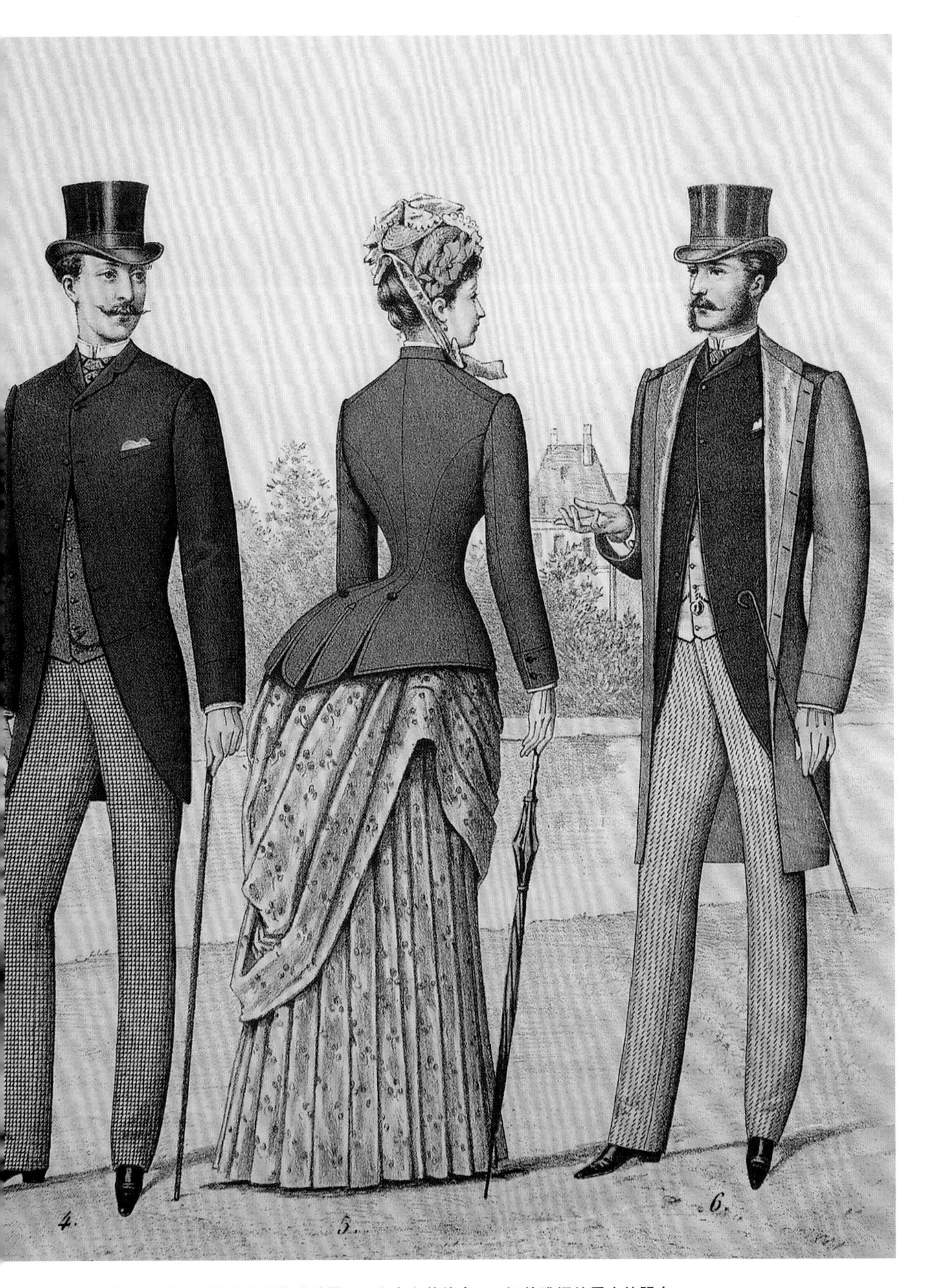

从左至右依次为：1.男士罗丹格特礼服，2.女士上装外套，3.短款雅阁特男士礼服套装，4.男士上装外套，5.女士外套，6.男士雅阁特礼服；
《女装商人和男装裁缝日报》(*Le Journal des marchands-tailleurs*)，1884年。

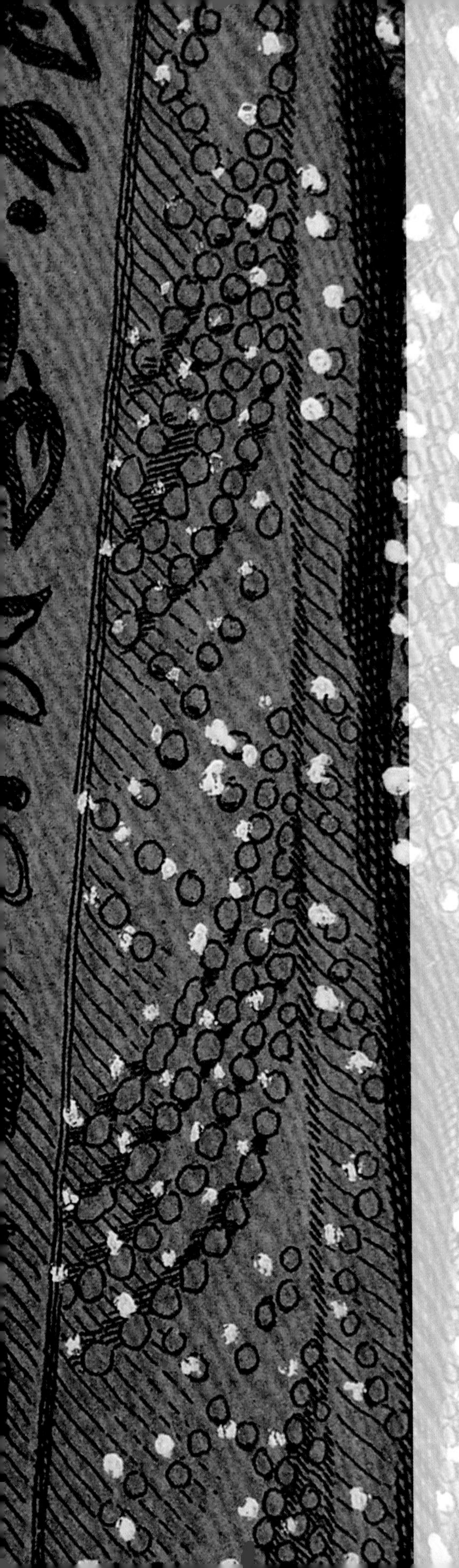

法兰西第三共和国激进派执政时期（1889—1914）的服装和服饰

紧身胸衣的终极“美好年代”

紧身胸衣的终极“美好年代”

L

稳定的政治和经济局面一直延续至1914年，这么多年安稳无忧的生活使人产生了一种未来定会一片大好的幻想。开端于1889年的“美好年代”，正值巴黎为了庆祝法国大革命一百周年再次举办世界博览会。埃菲尔铁塔（La tour Eiffel）在此期间隆重揭幕，成为这次盛会上名副其实的明星。

在法兰西第三共和国前15年的时间里，我们已经分三步逐一审视了带有图尔努尔衬垫的连身裙样式。接下来直至第一次世界大战爆发，“美好年代”将再带我们领略四种独特的女装款型。1887年后，被戏谑地称为“人马式女人屁股”的廓型不见了，相应而生的是一种只在臀部配有少许垫料的廓型，裙围不再膨大夸张。“织幔”风格的弧状褶裥和装饰绦带被垂直褶和简单装饰物代替，如拼贴绣的扁平饰带、以明针走线造型而成的普拉斯通前襟装饰和波莱罗装饰等。这类扁平款式的装饰简化了女装的整体样貌，但并没有让人感觉变得柔和。整体廓型在前胸位置非常紧绷，仍然显得很僵直，再加上紧身小羊腿袖和惯有的纤细蜂腰……女士们的活动范围明显扩大了，她们去狩猎、游海泳、徒步旅行，但是她们的服装却仍然显得有些约束。虽然目前的半身裙缩小了的体量不再制约她们的活动范围但整套服装却让她们身型僵硬，1890~1900年的十年间，这样的情形一直没有得到缓解。

另外，同样是这十年，一种新的膨大款型重燃旧火，让人想起文艺复兴时期的袖窿和威尔图卡丁裙撑（Vertugadins）。1891年2月1日的《时尚画刊》是这样描述的：“半身裙的裙腰下部比以前略为宽大，在其下放置一圈钢制弹性环，使裙子成为钟形，这种廓型不可能比雨伞套（Gaine de parapluie）漂亮到哪去。在这基础上，为了打破直挺的廓型，又有了在裙围上装饰缠绕物的做法。在高低不平的地面和永远不变的平原间，有谁会不更

喜欢前者呢？”小羊腿袖为了和半身裙互相辉映，也逐渐增加了体量，甚至达到了19世纪30年代时的最宽大的程度。本就纤细的腰部在宽大的羊腿袖和钟型裙体之间显得更紧了。腰部的极端束缚与庞大的袖窿直至1896年才开始缓和，一年后却又销声匿迹，真是来得快去得也快。就在19世纪接近尾声的时候，一种新廓型又出现了……

女装的改革在欧洲各地兴起。当时在维也纳（Vienne）有一位女裁缝叫艾米丽·弗洛基（Emilie Flöge），因其与古斯塔夫·克里姆特（Gustav Klimt）的恋情而闻名于世。艾米丽为自己缝制了一身垂感连身裙（Robe dite tombante），宽松的胸部结构是它的特点。这款先锋意味十足的连身裙很像当时小女孩身穿的直筒型连身裙，这是童装唯一一次没有照抄成人服装的特例，而是成人服装受到了童装的影响！这款新式连身裙被认为是一款革命性连身裙（Robe de réforme），在比利时和英国这样的现代艺术启蒙中心引起很大反响，而巴黎却暂时对这些现代变革装聋作哑，并反其道而行之，创造出了比之前更具有束缚性的1900款型（Ligne 1900）连身裙。1907年的《艺术和时尚》（*L'Art et la Mode*）杂志肯定地表示："有太多的女性仍然钟爱体现她们纤细的腰部！"女性时尚刊物甚至起身反对弃用紧身胸衣的设想，其中《时尚画刊》杂志在1900年1月7日这期中，毫不犹豫地使用政治上惯用的夸张表达法来鼓吹自己的立场："女士们，我们打赌你们当中很多人目前还不知晓年底发生的这一系列大事！可不是我们危言耸听，虽然此事与政治无关，但其爆炸性堪比一场政变，甚至是一场革命！是的，女士们！这是一场彻底的、深远的革命！一场以科学的名义，振荡着、摧毁着，悍然打破我们与生俱来的习惯和观念的革命！照直说吧，你们要知道那些医生已经向紧身胸衣下了战书，要与

（下页）赛福尔（Sèvres）蓝色呢绒男士西服式套裙，配有蝴蝶结和鸵鸟毛的淡灰色毛毡女士阔边帽；《时尚画刊》，1900年

斯洛伐克式宽松上装；《时尚画刊》，1897年。

之奋战到底！借由一些无可辩驳的论据，这些医生们成功证明了紧身胸衣，这种时尚完美达人收腰、遮瑕必备的服装配件，原来是一种酷刑用具……”读者们在接下来的几行中终于可以松一口气了，因为医学和时尚这两位对战双方讲和了，结论是：“以后所有的紧身胸衣的外形必须是笔直的，胃部那里不能再有压迫性的弓形弯曲支撑钢丝，这是要遵守的头条健康守则。”事实上，穿着这种紧身胸衣会使胸部夸张地隆起，损坏了女性胸部自然柔美的线条。半身裙也在逐渐减少甚至是放弃膨大的裙围，裙体自然飘逸下垂，袖窿是紧身的小羊腿袖。裙子的拖尾只在裙角处环绕，只有盛装时才会加长。腰部在这波浪形的1900款型中仍然保持其基本点的地位。披上皮草、饰以立体式花边和羽毛，女士们不得不采取一种傲气和戏剧性的姿态，让人不禁想起了文艺复兴时期那些穿着填充了垫料的普尔波万上装（Pourpoint）的男人们。

在第一次世界大战爆发前，“美好年代”带来的仍是对无忧生活的幻象，尽是惬意和享乐。上流社会中女性的地位从法兰西第一帝国时期开始就没有改变过，她们忙于更新衣橱里的衣服，始终是男性社会的配角。在稳定的社会和经济背景下，女装又一次迎来了深刻的变革。多亏了体育运动的流行，民风开化了，从那以后，女性身体终于可以体现其自然美，而不用借助于那些服装配件的矫饰。以莎拉·伯恩哈特（Sarah Bernhardt）、柯莱特（Colette）为首的女演员和女舞者们，去里维埃拉（Riviera）度假时也不穿紧身胸衣、不穿长筒袜、不戴手套，尽情享受着自由和惬意。然而女性时尚刊物给人的感觉是，女性们

CHOLET

（上页）左边：女士会客着装；
右边：女士拜访着装。
《未婚女士日报》，1912年。

非常担心如果不穿紧身胸衣会使她们看起来不再纤细……那么如果想要戒掉紧身胸衣，就必须强身健体，这就是从今往后时尚主张的立场。

20世纪10年代末期，服装设计大师们预感到女性已经准备好抛弃紧身胸衣了。保罗·普瓦列特以法兰西第一帝国时期的连身裙为灵感设计出了一款纤细流线的裙装，腰部不再紧束，但是在裙下摆处收紧，女士们只能以小步行进。这样完全垂直的廓型胜在它的流畅曲线，可是同样束缚人，只是被束缚的位置变了！把女性的身体完全从枷锁和桎梏中解脱出来的裙装直到“美好年代”结束，完全进入20世纪后才出现，但是女装已经开始以大胆用色来象征性地摆脱束缚。受到1909年登上巴黎舞台的俄罗斯芭蕾舞剧的审美影响，保罗·普瓦列特开始在服装上使用鲜明的颜色，一扫世纪末的黯淡，祖母绿、柠檬黄、教士紫迅速代替了“美好年代”时热衷的柔和清淡的色调，如尼罗河绿、尘土灰和鲑鱼粉……

时尚在反复摸索中一路走进了现代。1913年，30岁的加布里埃·香奈儿仿佛已经预感到了20世纪身着雅致而简洁的小黑裙的新女性的出现，但此时“美好年代”轻盈飘逸的身影仍在舞池中央，等待着舞曲的休止符，她的预感直至20世纪20年代才成真。男装这边却遥遥领先于女装进入了现代，现代男装的基础早在一百年前就已打好：必备的礼帽和手杖，从男士西服三件套的马甲口袋中掏出的贵重怀表，虽然1900年时的男装三件套看起来还有一点生硬，但它却是最先迈入现代的服装。

女士城市着装；左边：蓝色呢绒连身裙，黑色和银色海狸皮边饰，天鹅绒无边女帽；右边：饰有银狐皮的茄色天鹅绒大衣，毛毡阔边女帽。儒勒·大卫绘；《时尚杂志》，1889年。

女士舞会后穿着的大衣（前部和后部）；《时尚杂志》，1889年。

女士拜访着装；左边：饰有长毛绒的胡桃木色呢绒大衣，天鹅绒卡博特系带有褶女帽；
右边：绗缝呢绒年轻女士大衣，狐狸毛装饰，毛绒无边女帽。
儒勒·大卫绘；
《时尚杂志》，1889年。

滑冰套装；
《时尚画刊》，1898年。

（下页）女士城堡着装；左边：牛奶巧克力色丝质会客连身裙，饰有带刺绣的天鹅绒，罗缎有褶饰边，薄纱卡博特系带有褶女帽；右边：黑色嵌花红色缎质正餐连身裙，饰有煤玉珠，罗缎大披肩腰饰。
儒勒·大卫绘；
《时尚杂志》，1889年。

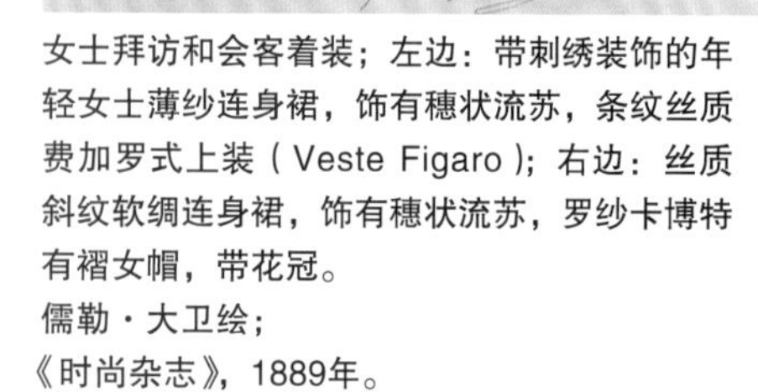

女士拜访和会客着装；左边：带刺绣装饰的年轻女士薄纱连身裙，饰有穗状流苏，条纹丝质费加罗式上装（Veste Figaro）；右边：丝质斜纹软绸连身裙，饰有穗状流苏，罗纱卡博特有褶女帽，带花冠。
儒勒·大卫绘；
《时尚杂志》，1889年。

左边：女士罗缎会客着装，女士上装外套；右边：女士羊毛拜访着装，饰有海狸皮毛，天鹅绒有褶无边女帽。
G· 高南绘；
《时尚杂志》，1889年。

1.
2.
3.
4.
5.
6
7.

左边：女士散步着装，条纹淡赭色年轻女孩连身裙，毛毡阔边女帽；中间：9岁男童着装，绿色呢绒套装；右边：天鹅绒和貂皮水獭毛丝质绗缝年轻女士大衣，天鹅绒卡博特系带有褶女帽。
儒勒·大卫绘；
《时尚杂志》，1889年。

（上页）着装：1.埃菲尔西西里式连身裙；
2.蓝色呢绒水手式罩衫和苏格兰羊毛半身裙；
3.绿色本格林苏格兰罗缎（Bengaline écossaise）羊毛连身裙和贝乐瑞短披风；
4.条纹羊毛连身裙；
5.米色羊毛连身裙；
6.灰呢绒小男孩套装；
7.本格林苏格兰罗缎连身裙。
儒勒·大卫绘；
《时尚杂志》，1889年。

（下页）女士海滨城市着装：深蓝色和浅珊瑚色本格林罗缎丝质督政府风格连身裙，慕斯琳薄纱宽边遮阳软帽；
儒勒·大卫绘；
《时尚杂志》，1889年。

左边：女士度假着装，带暗玫瑰色饰边的羊毛连身裙，阔边草帽；中间：4岁女童着装，西西里式淡粉色连身裙，阔边草帽；右边：淡蓝色带白边的羊毛卡斯诺连身裙，阔边草帽。
儒勒·大卫绘；
《时尚杂志》，1889年。

1.法兰西蓝本格林罗缎连身裙；
2.白羊毛连身裙；
3.红色开司米山羊绒带黑色波纹连身裙；
4.暗玫瑰色开司米山羊绒罗丹格特礼服；
5.本格林苏格兰罗缎罩衫；
6.皮呢叠缝的大衣和贝乐瑞短披肩。
儒勒・大卫绘；
《时尚杂志》，1889年。

左边：女士海滨城市着装；蓝色羊毛带条纹边的年轻女孩连身裙，女士上装外套；中间：带刺绣饰边的鲑鱼粉罗缎卡斯诺连身裙，罗纱阔边女帽。右边：6岁女童连衣裙，苏格兰斜纹软绸连身裙，阔边草帽。
G・高南绘；
《时尚杂志》，1889年。

女士徒步旅行着装；
左边：灰色开司米山羊绒和黑色天鹅绒连身裙，天鹅绒有褶无边女帽；
右边：水芹绿黑色花边重磅羊毛绉呢连身裙，天鹅绒卡博特系带有褶女帽。
儒勒·大卫绘；
《时尚杂志》，1889年。

女士舞会着装；
左边：鸢尾花饰丝质和象牙色双绉绸年轻女孩连身裙；
中间：亮黄色罗缎刺绣连身裙；
右边：海蓝色和白底挖花丝质连身裙，饰有玫瑰花环。
儒勒·大卫绘；
《时尚杂志》，1889年。

左边：7~8岁女童天鹅绒连身裙；
右边：5~6岁女童直筒型连身裙。
《时尚画刊》，1898年。

女童的直筒型连身裙

几个世纪以来，儿童服装的款型都是照搬成人服装的。到了19世纪，人们的心态变化了，资产阶级开始把孩子放在家庭生活的中心位置，赛古尔伯爵夫人（La comtesse de Ségur）甚至以孙女们为原型进行小说创作！女性刊物怎么会放过这些含金汤匙出生的孩子带来的新商业契机呢？当时甚至出现了像《儿童日报》（Le Journal des enfants）这样专门以孩子为主题的杂志，《儿童日报》自1832年至1897年在刊。

19世纪80年代出现的罩衫连身裙（Robe blouse），也叫作长袍型连身裙，是一种无腰直筒连身裙，裙子上半身的上部配有宽大的斯莫克（Smocké）或刺绣的抵肩，裙身有宽大的褶，这样的款式对从蹒跚学步到懂事年纪的小女孩来说非常舒适。等到了10岁左右，女孩们就开始穿着软质的紧身胸衣，青春期以后的她们逐渐开始和她们的母亲一样，身体接受服装的束缚。直筒型连身裙的进步性在于它让身体可以自由活动，因此推动了19世纪末、20世纪初的女装改革，进步人士纷纷主张抛弃紧身胸衣。儿童服装对成人服装的影响在继续加深吗？自从男装采用了男童长裤后，女童直筒型连身裙又一次见证了儿童服装对成人服装的影响。

“只要腰部还没有发育完全，就应该一直穿着宽松、肥大的服装，使用宽大的装饰，这样就可以尽可能最合适地遮盖不完美的腰部。”

《时尚画刊》，
1897年10月31日。

3~4岁女童直筒型连身裙：带蓝色图案的白色羊毛连身裙，圆领带绣片抵肩；《时尚画刊》，1898年。

女士散步着装；
阿娜依丝·图度兹绘；
《时尚画刊》，1891年。

女士拜访着装；
阿娜依丝·图度兹绘；
《时尚画刊》，1891年。

（上页）女士散步着装；
伊莎贝拉·德斯格朗日（Isabelle Desgrange）绘；
《时尚画刊》，1892年。

女士城市着装；
阿娜依丝·图度兹绘；
《时尚画刊》，1891年。

女士室内着装；
阿娜依丝·图度兹绘；
《时尚画刊》，1896年。

女士正餐发式；
《时尚画刊》，1898年。

女士晚间聚会发式；
《时尚画刊》，1898年。

女士城市着装；
阿娜依丝·图度兹绘；
《时尚画刊》，1891年。

（上页）女士舞会着装（身穿蓝色连身裙的年轻女性坐在环形沙发上）；
儒勒·大卫绘；
《时尚导报》，1890年。

女士晚间聚会着装；
阿娜依丝·图度兹绘；
《时尚画刊》，1894年。

女士晚间聚会着装；
阿娜依丝·图度兹绘；
《时尚画刊》，1896年。

（上页）女士会客着装；
阿娜依丝·图度兹绘；
《时尚画刊》，1896年。

女士城市着装；
阿娜依丝·图度兹绘；
《时尚画刊》，1895年。

左边：女士散步着装；
右边：女士正餐着装。
阿娜依丝·图度兹绘；
《时尚画刊》，1895年。

左边：女士拜访着装；
右边：女士会客着装。
阿娜依丝・图度兹绘；
《时尚画刊》，1895年。

（下页）女士晚间聚会着装和正餐着装；
阿娜依丝・图度兹绘；
《时尚画刊》，1895年。

（上页）女士会客着装；
《时尚画刊》，1897年。

左边：女士室内着装；
右边：女士狩猎套装。
阿娜依丝·图度兹绘；
《时尚画刊》，1894年。

（下页）左边：女士城市着装；
右边：女士晚间聚会着装。
阿娜依丝·图度兹绘；
《时尚画刊》，1896年。

女士正餐着装；
阿娜依丝·图度兹绘；
《时尚画刊》，1895年。

（上页）女士度假着装；
阿娜依丝·图度兹绘；
《时尚画刊》，1897年。

女士舞会着装；
阿娜依丝·图度兹绘；
《时尚画刊》，1897年。

女士宴会着装；
阿娜依丝·图度兹绘；
《时尚画刊》，1896年。

（下页）左边：女士会客着装；
右边：女士散步着装。
《时尚画刊》，1897年。

女士城市着装；
伊莎贝拉·德斯格朗日绘；
《时尚画刊》，1897年。

女士度假着装；
《时尚画刊》，1897年。

女士城市着装；
阿娜依丝·图度兹绘；
《时尚画刊》，1897年。

（下页）“现代风格”的女士裙装，绣以孔雀羽毛，上身部分由黑色天鹅绒剪裁而成，薄纱袖，发间饰有大朵的虞美人花；
露西（Lucy）绘；
《艺术和时尚》，1903年。

身着1900款S型裙装的女性

在1900年的世界博览会上，一种“奇怪的”“非同寻常”的风格成功地引起了人们的注意，它大胆地与过去的各类风格决裂，这就是完全现代的“新艺术风格”（Art nouveau）。看惯了路易十五和路易十六时期风格仿古家具的巴黎人，在看到新艺术风格的搁脚凳时惊呆了，这是以巨型蜘蛛的长腿和背弓为灵感来源设计制作的搁脚凳。震惊刚过，参观者们就迅速地被新艺术风格的花型线条和明快的配色迷住了。1900年11月4日的《时尚画刊》特别指出，这是装饰艺术领域的“艺术革新”，而女装的变化却仍然局限在旧戏新唱上：美第奇领（Cols Médicis）、黎塞留花边（Dentelles Richelieu）、路易十六风格礼服上装、路易十四风格的鸠斯特科尔上装（Corsages justaucorps）和火枪手式袖窿上……然而，如果说女装的装饰和剪裁仍然遵循传统，但其曲线和波浪形的廓型却与新艺术风格推崇的涡形装饰、波浪和阿拉伯式装饰图案相得益彰。

Lucy

（上页）呢绒连身裙，黑色天鹅绒、白色呢绒翻领和袖窿垂坠，饰有饰带图案，毛皮手笼；
露西（Lucy）绘；
《艺术和时尚》，1903年。

白鼬皮上衣，后开缝，衣摆配有白色飞边，半身裙裙裾饰有白鼬尾；
露西（Lucy）绘；
《艺术和时尚》，1903年。

1900款型的裙装，像藤蔓一样，呈现“S”型。女士们胸部被服装压平，上身在紧身胸衣的作用下向前倾，紧身胸衣虽然不再压迫腹部，却在背部使用特殊钢丝支撑，收腰效果明显。连身裙的裙裾柔和地自然散开，如同树木的根系。这样的曲线廓型给人以晃动不定的感觉……

女士们通常要借助手杖的帮助，才可以让不平稳的姿态保持平衡。连身裙的配色柔和而明亮，是新艺术风格帷幔和窗帘常用的色调，其实室内装饰和服装在形式、图案和色彩上的遥相呼应甚至可以追溯至100年前的19世纪初期，那时的裁缝们和木器工人们都从古希腊和古罗马汲取灵感，再搭配上拿破仑时期的帝政风格，共同奏响了时尚和室内装饰的完美和声。

淡青色薄纱女士夏季着装，饰有立体式花边的波莱罗式短上衣，有褶花边腰封，遮阳软草帽，白色丝质阳伞；《时尚画刊》，1900年。

米色高领大披风，带大飞边的白色塔夫绸衬里，印度蓝花丝绸半身裙；《时尚画刊》，1898年。

女士雅致夏季着装：淡绿色塔夫绸连身裙，黑色和淡绿色塔夫绸宽松上装，饰有慕斯琳薄纱的黑色阔边大草帽；《时尚画刊》，1898年。

（上页）教士紫平绒连身裙：半身裙上饰有深紫色天鹅绒镶边，鸠斯特科尔式上装，天鹅绒三叶草型勃兰登堡胸饰，美第奇领；《时尚画刊》，1898年。

茶绿色呢绒女士滑冰套裙，半身裙边饰以紫貂皮，雅阁特女士收腰长下摆短外套（Jaquette），前胸饰有勃兰登堡胸饰，贝雷型天鹅绒女帽，紫貂皮饰边；
《时尚画刊》，1900年。

水獭皮色呢绒缎质女士散步着装，丘尼外层短罩裙，前部开衩以浅色天鹅绒饰带固定，美第奇领，貂皮饰边，波莱罗式短上衣，毛毡阔边帽；
《时尚画刊》，1900年。

带有紫色图案的淡紫色塔夫绸女士拜访裙装，紫色塔夫绸波莱罗式短上衣，配有白色三层领，圆形草帽，慕斯琳薄纱阳伞；《时尚画刊》，1900年。

（下页）蓝色和米色苏格兰格纹羊毛女士散步着装，饰有立体式飞边，上身饰有刺绣饰带，美第奇领，阔边草帽；《时尚画刊》，1898年。

深蓝色马海毛和苏格兰格纹塔夫绸连身裙，上装前下摆剪裁新颖，呈条状，礼服式上装后下摆，遮以薄纱的阔边草帽；《时尚画刊》，1898年。

斜裁式蓝绿格纹羊毛公主式连身裙，波兰式仿羊毛深绿色外套，上身部分的黑色饰带模仿上装形态，毛毡女帽；《时尚画刊》，1898年。

镍灰色呢绒连身裙，上装后摆为小燕尾，天鹅绒翻领，美第奇领，幕斯琳薄纱衬衣和领饰，毛毡女帽；《时尚画刊》，1898年。

菘蓝色呢绒女士散步着装，女士上装外套，白色天鹅绒和毛丝鼠皮翻领，毛毡帽上饰有大蝴蝶结；《时尚画刊》，1900年。

（下页）浅灰褐色呢绒女士散步着装，饰有立体式花边的波莱罗式超短上衣，高领下翻，奶油色幕斯琳薄纱普拉斯通前襟装饰，黑色塔夫绸紧身胸衣式腰封，饰有塔夫绸和饰带的翻边草帽；《时尚画刊》，1900年。

（下页）左边：俄罗斯绿塔夫绸旅行大衣，又称卡什·普赛尔外套（Cache-poussière），相同面料抵肩并饰有褶状饰边；右边：饰有浅灰色军服式饰带的连身裙，上身开衫露出丝质虾红色普拉斯通前襟装饰，阔边草帽。《时尚画刊》，1898年。

仿皮米色呢绒翻领披肩，金褐色天鹅绒抵肩，呢绒拼贴绣，美第奇领，以天鹅绒饰边的圆形毛毡女帽；《时尚画刊》，1900年。

左边：带皮草领的女士散步着装，铁灰色羊毛连身裙，毛毡女帽；
右边：仿水獭皮天鹅绒连身裙，饰有饰带的半身裙和雅阁特女士收腰长下摆短外套，毛丝鼠皮腕部和翻领，天鹅绒无边女帽。
《时尚画刊》，1898年。

淡紫色毛毡呢绒冬季女士厚大衣，饰有皮草，肩部配有贝乐瑞超短披风，大开口美第奇领，有褶无边女帽；《时尚画刊》，1900年。

年轻女士雅致夏装连身裙，青莲蓝色薄纱质地并饰有花边，塔夫绸波莱罗式短上衣，花边袖口，无边草帽，塔夫绸条纹阳伞；《时尚画刊》，1900年。

（下页）左边：中年女士深紫红色呢绒秋季连身裙，白色塔夫绸翻领；右边：秋季连身裙，开衫雅阁特女士收腰长下摆短外套，毛毡和天鹅绒阔边女帽。《时尚画刊》，1900年。

左边：年轻女孩淡蓝色底白色细亚麻布连身裙，带花边的菲须小方围巾，无边草帽；右边：配有波莱罗式短上衣和无袖胸衣的连身裙，红白色图案的慕斯琳薄纱半身裙，阔边草帽。《时尚画刊》，1900年。

C.D
H.

左边：年轻女孩舞会着装，白色珠罗纱和尼罗河绿塔夫绸双层连身裙；
右边：女士舞会着装，饰有花边的象牙色慕斯琳薄纱连身裙。
《时尚画刊》，1900年。

女士舞会或晚间聚会着装：孟加拉玫瑰色系天鹅绒半身裙，
双绉纱公主式丘尼外层短罩裙，绣有银线花边装饰；
《时尚画刊》，1898年。

女士聚会连身裙，或称婚礼活动连身裙：淡紫色双绉绸，
饰有克鲁尼奶油色（Cluny crème）花边，上装搭配花边波
莱罗式短上衣，雪尼尔绒无边女帽，饰有蝴蝶结；
《时尚画刊》，1900年。

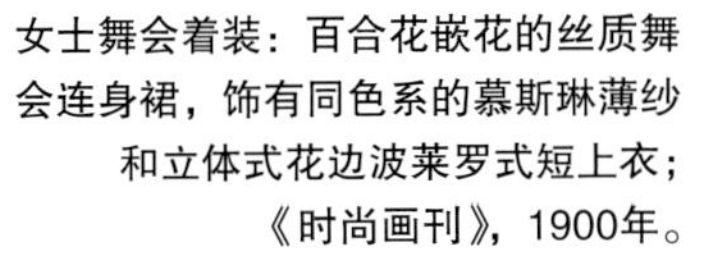

女士舞会着装：百合花嵌花的丝质舞
会连身裙，饰有同色系的慕斯琳薄纱
和立体式花边波莱罗式短上衣；
《时尚画刊》，1900年。

女士冬季散步着装：饰有黑色天鹅绒涡形装饰的灰色外套式连身裙，上身部分为雅阁特女士收腰长下摆短外套，卷毛羔皮手笼，西班牙波莱罗式女帽；《时尚画刊》，1898年。

（下页）淡紫色系呢绒公主式连身裙，饰有紫色缎质饰条，白色花边袖窿，肩部白色慕斯琳薄纱褶状装饰，有褶高领；《时尚画刊》，1898年。

CHOLET.

22

主教紫天鹅绒女士拜访连身裙，饰有刺绣，灰色缎质的上装上部饰有花边，美第奇领，天鹅绒无边女帽；《时尚画刊》，1898年。

玫瑰色条纹白色提花女士沙滩裙装，上身宽松，白色有褶细亚麻布立领和普拉斯通前襟装饰，提花翻领；《时尚画刊》，1900年。

（上页）左边：浅栗色男士西服式套裙，雅阁特女士收腰长下摆短外套，尼罗河绿色普拉斯通前襟装饰，饰有苏格兰蝴蝶结的女士扁平窄边毡帽，貂皮手笼；右边：军官和军士制服上装；《时尚画刊》，1900年。

（上页）左边：中年女士旅行着装，铁灰色外套式连身裙，雅阁特女士收腰长下摆短外套，黄色提花无袖胸衣；
右边：年轻女孩徒步旅行着装，淡紫色羊毛连身裙，配有呢绒宽领的宽松上装，女士阔边草帽。
《时尚画刊》，1898年。

男士西服式套裙

萌芽于19世纪的女装“男士西服”（Tailleur）款式有以下几种形式。被称为“小西服”的套裙（Petit costume）与克里诺林裙撑同处一个时期，是女性徒步旅行时的装束，其半身裙可以借助拉绳向上卷起，上身穿女士上装外套或帕勒托特短外套。而灵感来自男士罗丹格特礼服的阿玛佐纳女士骑马装也是女装“男士西服”款式的另一个雏形。1885年左右，英国裁缝雷德芬（Redfern）为威尔士公主（Princesse de Galles）定制的蜜月旅行服装中就有好几套男士西服式套裙（Costumes façon tailleur），这些套裙由修身的上装和同面料的半身裙搭配而成。这种女士套裙从男士服装中汲取灵感，面料的使用也遵循男士西服三件套的用料原则。在19世纪最后的25年里，女性日益增多的外出旅行机会使男士西服式套裙得到了极大的普及。

女士旅行和参观展览套装，深蓝色外套式半身裙和配有钢质纽扣和白色绦带的波莱罗式短上衣，女士扁平窄边草帽；《时尚画刊》，1900年。

“交通工具持续不断的多样化使社会各个阶层对出行产生了极大的兴趣，以至于一年到头，人们都在期盼各种节假日能带来几天空闲的时间，好让自己能够出去放飞自我。有钱人会涌去大西洋边的海滩和蓝色海岸（La Côte d'Azur）度假，经济状况差一些的人，或者说明智的人，会去清新的森林里偶遇初春，或是去巴黎城外欣赏优美的小景致。因此旅行服装理所当然地成了焦点，而男士西服式套裙就是最适合此类活动的服装了。”

《时尚画刊》，1900年3月18日。

国王蓝呢绒女士秋季着装，波莱罗式短上衣，天鹅绒无边女帽；《时尚画刊》，1900年。

上流社会的女性会请伦敦裁缝来制作男士西服式套裙，因为他们在这方面最为专业。其舒适性和便捷性使这种套裙迅速成为一种在各个场合都可以穿着的服装。女性时尚刊物欣然认同男士西服式套裙体现了女装简化的意愿，1900年10月7日的《时尚画刊》如是写道："几乎仅在下午穿着的男士西服式套裙，与晚装相比简洁了不少，它将会把女士们从奢华却稍显尴尬的晚装中愉快地解放出来。"

由半身裙和女士上装外套搭配而成的栗色呢绒男士西服式套裙；《时尚画刊》，1900年。

女士旅行着装（从左至右依次为）：三层翻领上装套裙，运动套裙，旅行者套裙（内穿长裤），旅行者套裙，半身裙有褶饰；
《时尚画刊》，1897年。

女士旅行着装（从左至右依次为）：短上装套裙，上等细麻布宽松女士上装和英式阔边草帽，雅阁特女士收腰长下摆开衫短外套套裙；
《时尚画刊》，1897年。

女士骑车和狩猎着装（从左至右依次为）：骑车套裙（新式雅阁特女士收腰长下摆短外套），饰有皮质部件的女猎手套裙，女猎手套裙（半身裙有褶饰），骑车套装与灯笼裤；
《时尚画刊》，1897年。

年轻女孩体操服；
《时尚画刊》，1897年。

女士骑车套装（内穿长裤，外罩半身裙）；
《时尚画刊》，1897年。

女士草地网球套裙；
《时尚画刊》，1891年。

女士草地网球套裙；
《时尚画刊》，1900年。

（下页）阿玛佐纳女士骑马套裙，英式半身裙，海蓝色呢绒礼服式上衣，天鹅绒翻领，内穿深蓝色呢绒长裤，女士毡帽；《时尚画刊》，1900年。

阿玛佐纳女士骑马套裙，英式半身裙，海蓝色呢绒上衣，米黄色南京布质带口袋的马甲，黑色丝绸质礼帽；《时尚画刊》，1898年。

女士城市着装；
《时尚画刊》，1898年。

女士无边小帽，玉米须状装饰；
《时尚画刊》，1898年。

设计女帽的朗万和香奈儿：尚未成名的服装设计师

从旧制度后期开始，每当女士们的服装廓型纤细而垂直，头上的帽子必定是宽大的。相反，如果半身裙和袖窿很庞大，帽子和发式的体量就会变小。19世纪的女帽一直是整体服装廓型保持自然平衡的有效装饰手段：从督政府时期到1820年，帽子的体量不断增大，变得越来越夸张；复辟王朝的路易·菲利普统治中期，帽子的体量变得适中，帽檐环绕脸庞；到了第二帝国时期，克里诺林裙撑的膨大使帽子变得非常低调，甚至让位于小小的头饰；当图尔努尔衬垫式连身裙在第三共和国时期流行时，帽子又变高了，上面的装饰垂直向上堆砌；最后，在19世纪末20世纪初的“美好年代”里，随着半身裙和袖窿失去了体量，帽子又一次绽放如花……

秋季女帽和冬季女帽；《时尚画刊》，1898年。

（下页）黑色阔边草帽，蓝松石色的羽毛固定在黑色慕斯琳薄纱蝴蝶结下；《时尚画刊》，1900年。

这些状如蘑菇的帽子，装饰复杂并且造价不菲。既然财力允许，经济困难的日子还没到，那就让"节省"两字见鬼去吧！我们无忧无虑的各位高雅的女士们，借助年轻而又富有才华的女帽设计师之手，比以往任何时候都更愿意彰显她们戏剧性的帽子。珍娜·朗万（Jeanne Lanvin）和加布里埃尔·香奈儿这两位当时尚未成名的服装设计师还在为太太们制作一顶又一顶的华丽帽子……

"今年的女帽真是非常的独特：拿在手中时，感觉丑陋、扁平、沉重并且随意，怎么看都更像个圆馅饼或是一个托盘，而不像是顶帽子；然而一旦戴到头上，感觉完全变了，变得雅致而且优美，就像换了顶帽子一样。总之，这些帽子最能美妙地衬托出脸庞，它们很大，特别宽大，特别平，有着超大的贝雷帽型帽底，朝一边上卷的帽檐相对来说比较窄。帽子上的装饰不再有紧绷感，变成又柔又软的褶裥，旋转的巨大褶饰遮住了帽子的轮廓。大部分的帽子是天鹅绒质地的，有的是无纹饰或雪尼尔植绒的塔夫绸质地的，全部以穿束带或打褶的形式制作而成。装饰物是长长的直立羽毛，或是羽毛黏贴得非常平滑的超大棕榈叶，以圈状环绕帽檐，几乎贴到头发上……"

《时尚画刊》，1900年12月23日。

上页）左边：女士蓝绿格羊毛裙装，托特斯式半身裙，
淡紫色呢绒雅阁特女士收腰长下摆短外套，女士毡帽；
右边：女士条纹套裙（Cheviotte），紧身雅阁特女士收腰长下摆短外套，钟型阔边女帽，饰有虹彩公鸡羽毛。
《未婚女士日报》，1907年。

1.饰有茄紫色翼状装饰的阔边毛毡女帽；
2.蓝色孔雀羽毛装饰的宽边遮阳软帽；
3.黑色和金色的雪尼尔绒无边女帽；
4.被巨大羽饰覆盖的阔边毛毡女帽；
5.饰有羽毛的紫色天鹅绒阔边女帽。
《未婚女士日报》，1907年。

左边：绿色呢绒女士长大衣，貂皮领和貂皮袖口，饰有鸵鸟羽毛的毛毡和天鹅绒阔边女帽；
右边：呢绒年轻女孩裙装，茄紫色天鹅绒上身装饰和裙边，饰有天堂鸟羽毛的阔边女帽。
《未婚女士日报》，1907年。

左边：灰色格纹薄羊毛裙装，上身宽松，红色呢绒上衣，饰有樱桃和薄纱的宽边遮阳软草帽；
右边：珠灰色薄纱裙装，珠罗纱女士胸衣，饰有绸带的女士阔边草帽。
《未婚女士日报》，1907年。

左边：正方格纹薄羊毛裙装，托特斯式半身裙，日式宽大袖窿，宽松款雅阁特女士收腰长下摆短外套，丝质阔边女帽，饰有翼状海鸥羽饰；
右边：蓝色条纹羊毛裙装，波莱罗式短上衣，塔夫绸钟型阔边女帽。
《未婚女士日报》，1907年。

男士西服式套裙；
《未婚女士日报》，1912年。

龙骧赛马场旁的女士们着装；
《未婚女士日报》，1912年。

帝国遗梦——流线型廓型

1912年，一本新的时尚刊物问世，它借用了法兰西第一帝国时期著名刊物的名称：《女士和时尚日报》。令人惊讶的是与此同时，女装仿佛也回到了那个时代，这就是帝政风格的流线型廓型。让我们回忆一下：在督政府和第一帝国时期，新古典主义风格第一次尝试摒弃被紧身胸衣禁锢的身型，女装连身裙整体线条变得柔和。20世纪初的服装设计师们正是以这种年代并不久远的廓型为参考，试图将紧身胸衣从女装中驱逐出去。

1912~1913年，新版的《女士和时尚日报》不断推介保罗·普瓦列特设计的垂直无膨胀效果的裙装廓型。这种廓型与1900款S型裙装形成鲜明的对照，其腰线被重新提高到胸部以下，没有预留紧身胸衣的位置。上身部分更短了，但却内置了带有鲸骨支撑的衬里。这是紧身胸衣被弃用过程中必须经历的一步，非常巧妙，因为“美好年代”时期的女士们很担心一旦彻底没有了紧身胸衣这个收腰法宝，自己便别无他法。

腰部的确不再受束缚了，这次受罪的却是脚腕。因裙角太窄，这种裙子被戏谑地称作“受缚裙”，以至于在双踝间必须绑上一根“腿间系带”，女士们只能小步行进，只有这样才能避免扯裂裙边。

用不了太久，女性的身体就会彻底从这次桎梏中解放了；用不了太久，现代服装就会把饰带、蜂窝状饰边、羽饰及其他各种装饰物抛下，这些装饰物对一直延续到1914年的19世纪的服装服饰来说曾是多么珍贵啊！这一年，“一战”爆发，士兵列队，不知他们是否也是无忧无虑地，在枪杆子里面插着鲜花……

女士散步着装；
《未婚女士日报》，1912年。

女士室内着装；《未婚女士日报》，1912年。

女士城市着装；
《未婚女士日报》，1912年。

女士观看赛马着装；
《未婚女士日报》，1912年。

左边：男士西服式套裙；
右边：女士大衣；
《未婚女士日报》，1912年。

女士午后着装；
《未婚女士日报》，1912年。

咖啡色缎质连身裙，臀部有帕尼尔式褶皱臀垫；
贾维埃·高斯（Javier Gosé）绘；
《女士和时尚日报》，1912年。

灰蓝色缎质晚装大衣，
饰有爱尔兰式的花边装饰；
贾维埃·高斯绘；
《女士和时尚日报》，1912年。

黑色和褐色相间条纹的天鹅绒女士上衣，彩色福里苏奈特手绘图案紧身裙，带羽饰的天鹅绒女帽；
费尔南·希玫翁（Fernand Siméon）绘；
《女士和时尚日报》，1912年。

“别无他言，这就是时尚！”

《女士和时尚小信使》，1827年2月5日。

参考文献

［1］巴雷托 ·C. 拿破仑和时尚帝国（1795—1815）［M］. 米兰：斯奇拉出版社，2010.

［2］比贝斯科. 连身裙的高贵［M］. 巴黎：格拉塞特出版社，1928.

［3］布歇 ·F. 巴尔扎克作品中的服装——人间喜剧节选［M］. 巴黎：法兰西时尚学院出版社，2001.

［4］布雷吉翁 ·J.–N. 贝利公爵夫人［M］. 巴黎：塔兰迪埃出版社，2009.

［5］伏尔塔斯埃 ·R. 法国作家和时尚——从巴尔扎克到现代［M］. 巴黎：法国大学出版社，1988.

［6］高德里奥特 ·R. 法国女装版画［M］. 巴黎：德拉马德出版社，1983.

［7］龚古尔 ·E.和J. 18世纪的女性——社会、爱情和婚姻［M］. 巴黎：弗拉马利翁出版社，1938.

［8］克雷恩特 ·A. 女士和时尚日报——征服女性欧洲（1797—1839）［M］. 斯图加特：J· 托尔贝克出版社，2001.

［9］巴黎第六区区政府. 时尚画——儒勒 · 大卫（1808—1892）和他的时代［M］. 阿朗松：阿朗松印刷厂，1987.

［10］卡纳瓦雷博物馆. 金色美女人们的时代，执政府和督政府时期的巴黎社会［M］. 巴黎：巴黎博物馆出版社，2005.

［11］卡列拉博物馆. 时尚画大观——素描、插图和样式（1760—1994）［M］. 巴黎：巴黎博物馆出版社，1995.

［12］卡列拉博物馆. 克里诺林裙撑帝国［M］. 巴黎：巴黎博物馆出版社，2008.

［13］澳尔曼 ·C. 托马斯 ·C. 内衣的历史［M］. 巴黎：佩林出版社，2009.

［14］佩罗特 ·P. 布尔乔亚的穿着——19世纪服装史［M］. 巴黎：法雅出版社，1981.

［15］佩罗特 ·P. 奢侈——一笔18和19世纪豪华与舒适的财富［M］. 巴黎：塞伊出版社，1995.

［16］派松 ·H. 着装标准，雅致和卫生手册［M］. J.–P.· 罗莱特，图书出版人，1829.

［17］沙博理 ·M. 罗斯 · 贝尔丁——玛丽 · 安托瓦奈特的服装大臣［M］. 巴黎：杜雷伽出版社，2003.

［18］赛奇 ·P. 第一帝国时期的时尚史［M］. 巴黎：塔兰迪埃出版社，1988.

［19］斯托普夫妇. 服饰搭配大全暨高雅穿着艺术和方法［M］. 巴黎：法语和外文书店，1828.

［20］维吉 · 勒布朗 ·E. 1755—1842回忆录［M］. 巴黎：塔兰迪埃出版社，2009.

致谢

我想对曾以他们的热忱和学识支持本书出版的朋友们致以我最衷心的感谢，尤其是本书的出版负责人安娜·勒布拉（Anne Le Bras）。同时，我还要向埃伊罗尔出版集团（Groupe Eyrdles）的团队成员们致谢，感谢他们的才能和专业性。我还要感谢资深收藏家让·克洛德·斯阿拉克（Jean-Claude Céalac），我的家人与挚爱亚历山大（Alexandre），塔伊斯·米勒埃（Thaïs Milleret），我亲爱的朋友弗朗斯娜·乐派克（Francine Lepek）、卡瑞娜·普莱德（Karine Pled）和荷西·克雷斯波（José Crespo）。最后我要感谢的是我的母亲伊丽莎白·提法涅·德莱斯皮奈（Elisabeth Tiphaigne de L' Espinay），她曾经做过艺术图书精装工作，后来成了图书经商者。是我的母亲传承于我对书籍的信仰，因为书籍是灵魂的载体，将随着时间的流逝而日渐珍贵。

译后记

在与本书作者米勒埃教授的交流中，她曾明确表示，在她任教的法国国立高等装饰艺术学院，教师和研究学者们长久以来都在以欧洲为中心开展应用艺术史研究，尤其是在时尚和服装史领域更是如此。但在她看来，随着世界多元互通的深入，必须打破这种以西方意识作为主体意识的狭隘的历史观和世界观，要有拓宽视角的自觉，以不同文化和文明的立场解读史实，对已有观点进行重新审视。

我们认为，米勒埃教授的观点代表了一部分西方学者在经过长期“欧洲中心主义”浸染后的觉醒。在她为本书撰写的序言中，关于在不同文化间构建平等互通、互赏、互学、互鉴机制的呼声一直回绕在我们的耳边；而本书中文版的出版，也正是践行“人类命运共同体”理念的一次积极探索。

作为本书的译者，我们深感重任在肩，究其根本始终是对翻译三原则：信、达、雅的执着和追求。此次对《时尚文化的启蒙时代：19世纪法国时尚图典》的翻译，对具有外语、信息传播学、艺术学教育和行业背景的我们来说，不可不算做一次攻坚克难的笔译大考。

我们遵守“信”，当求不漏译、不曲解，敏锐且负责地深究原文在不同历史时期的不同含义，如法文“manteau”一词直到“美好年代”[1]篇章前都还没有如今作为大衣的意思，当时指的是披风外套；我们注重“达”，当求在图像和文字的双重关照下，对服装或配饰的形制、板型、款式、面料、颜色进行释义，并对外文看似相同，实则样貌各异的服装款型加以区分，使用音译处理其外文名，以求呈现立体式语言互通之效果，如“tunique”一词，一般翻译为丘尼，但经过图文互证我们将其分别译为希腊式丘尼罩衫、丘尼裹身长裙、丘尼式短款连身裙、公主式丘尼外层短罩裙、丘尼式腰封等；我们讲究“雅”，当求其易读性和可理解性，于原作者笔下只可意会不可言传之处力求“神似”，而这些“je-ne-sais-quoi”的地方却往往是思想启发的张力所在。

感谢本书原作者格诺蕾·米勒埃（Guénolée Milleret）教授以多元化视角为中文

---

[1] “美好年代”开端于19世纪末的1889年，终结于第一次世界大战的爆发。——译者注

译本作序，她作为一名图像志研究学者，经过多年不懈的努力，已经建成了她理想中的图像信息库。我们更要感谢积极促成本书出版的中国纺织出版社有限公司编辑谢冰雁女士，她默契无间的协作让我们倍感珍惜。我们还要向友人Lynda Bensizerara、中国社会科学院欧洲研究所的张金岭研究员、北京服装学院的何冰老师一并表达谢意，感谢他们在翻译过程中提供的信息与建议。

本书聚焦的19世纪法国时尚在法国大革命带来的政治制度迭变的大背景下不断演变和发展，综合其所处政治、经济、人文和社会环境进行翻译的难度不言而喻，不足之处恳请读者们不吝指正。

陆璇、周绍恩

2021年10月20日于北京